高等职业教育"十四五"规划教材

化学分析实验技术

高兰玲　田　华　主编

中国石化出版社

内 容 提 要

本书主要介绍了化学分析实验技术技能的基础知识、化学分析仪器的基本操作，并以酸碱滴定、配位滴定、氧化还原滴定、沉淀滴定和重量分析法为核心，设置了24个典型实验项目。本书可以帮助读者掌握基本的分析化验技能，能够对实验数据进行处理。配套设置了职业技能鉴定模拟试题，能够与理论教学相配合，方便教师教学和学生训练。

本书可作为高等院校石油及化工类相关专业的化学分析实验课教材，亦可供从事石油及化工生产、科研工作的人员参考。

图书在版编目(CIP)数据

化学分析实验技术/高兰玲,田华主编. —北京:中国石化出版社,2022.1(2024.8重印)
ISBN 978-7-5114-6545-0

Ⅰ.①化… Ⅱ.①高… Ⅲ.①化学分析-化学实验
Ⅳ.①O652.1

中国版本图书馆 CIP 数据核字(2022)第 016697 号

中国石化出版社出版发行

地址:北京市东城区安定门外大街 58 号
邮编:100011 电话:(010)57512500
发行部电话:(010)57512575
http://www.sinopec-press.com
E-mail:press@ sinopec.com
北京科信印刷有限公司印刷
全国各地新华书店经销

＊

787×1092 毫米 16 开本 9.25 印张 225 千字
2022 年 1 月第 1 版 2024 年 8 月第 3 次印刷
定价:42.00 元

前　言

化学分析实验技术是高等院校工业分析与检验专业的一门核心专业课程，对化学其他学科的发展起着重要的推动作用。

本教材共六章，密切配合化学分析理论课教程，主要介绍了化学分析实验技术技能的基础知识、化学分析仪器的基本操作，并以酸碱滴定、配位滴定、氧化还原滴定、沉淀滴定和重量分析法为核心，设置了24个典型实验项目。结合生产、生活实际，编写了有关化工产品、水环境监测及处理等方面的实验内容，注重典型性、综合性和设计性。在经典分析方法的基础上，参考新标准，借鉴新技术，对实验方法进行设计和优化；以职业岗位技能需求为导向，以国家职业技能鉴定证书要求为目标，重点进行基本技能的规范化训练。培养学生的实践操作能力，实现理论与实践操作的有机结合，适用于石油化工相关专业的化学分析实验课，实验课时数在90学时以下，实验项目可视其具体情况增减。

本教材内容符合人才培养目标和课程标准要求，选材合适，深度适宜，反映本专业岗位新知识、新技能及应用需求，符合专业及行业发展需要。密切联系实际，结合适当的案例教学，符合高等职业教育的特点和学生的认知规律，有利于学生专业知识、技能的提升和综合素质的协调发展。作为实训课教材，能够与理论教学相配合，与实验教学设备相适应，细化了实验步骤，高等职业类学生或非分析化学专业学生更易接受，便于参考；增添了综合设计实验，适用于职业本科类学生，从方案设计、试剂配制到报告输出，全过程培养，为本科生的专业能力提升奠定基础。参考全国职业技能大赛化学实验技术赛项内容，教赛结合，突出重点项目，拓展了学生的知识视野，以赛促教，大大提升学生的学习主动性。

依据最新的国家标准，对相关内容进行更新，由于电子分析天平已广泛用于科学技术、石油化工、应用化工、环境计量等领域，删除了机械加码电光分析天平的内容，增加了全国石油化工和化工职业院校学生的化学检验工大赛项目以及化学分析报告单的样例，方便教师教学和学生训练使用。

由于编写时间仓促及编者水平有限，难免存在错误和不当之处，恳请各相关高等职业院校在使用本教材的过程中给予关注，并将改进意见及时反馈于我们，以便在修订时完善。

编者

2021.12

目 录

试题测验部分

理论知识部分

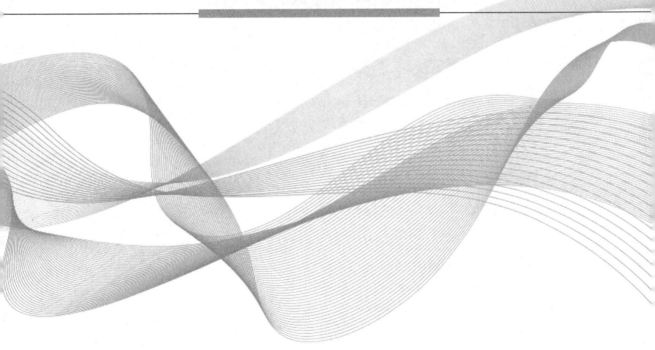

第一章 绪 论

第一节 化学分析实验基础

一、化学分析实验的任务和要求

化学分析是一门实践性很强的学科。通过化学分析实验课的教学，应使学生加深对化学分析基本理论的理解，掌握化学分析的基本操作技能和化学分析的实验方法，养成严格、认真和实事求是的科学态度，提高观察问题、分析问题和解决问题的能力，为学习后续课程和将来从事化学教学和科研工作打下良好的基础。

化学分析实验技术作为化学分析课程的重要组成部分，它不仅训练学生正确掌握化学分析实验的基本知识、基本操作和基本技能，树立严格的"量"的概念，而且培养学生实事求是的科学作风，严谨的科学态度，整洁而有秩序的良好实验习惯，使其逐步具备作为高级工程技术应用型人才应有的素质。为了完成上述任务，在整个实验过程中，要求学生养成严格、认真、实事求是的科学态度和独立工作的能力，在实验前、实验中、实验后分别提出以下要求。

1. 实验前

做好预习工作，预习可为做好实验奠定必要基础，所以，学生在实验之前，一定要在听课和复习的基础上，认真阅读有关实验教材，明确本实验的目的、任务、有关的原理、操作的主要步骤及注意事项，做到心中有数，打有准备之仗。并写好实验报告中的部分内容，以便实验时及时、准确地进行记录。

2. 实验中

（1）应手脑并用：在进行每一步操作时，都要积极思考这一步操作的目的和作用，有什么现象等，并认真细心观察，理论联系实际，不能只是"照方配药"。

（2）每个人都必须备有实验记录本和报告本，随时把必要的数据和现象清楚、正确地记录下来。

（3）应严格地遵守操作程序并注意应注意之处，在使用不熟悉其性能的仪器和药品之前，应查阅有关书籍或请教指导教师和他人。不要随意进行实验，以免损坏仪器、浪费试剂、使实验失败，更重要的是预防发生意外事故。

（4）自觉遵守实验室规则，保持实验室整洁、安静、使实验台整洁、仪器安置有序，注意节约和安全。

3. 实验后

实验完毕后，对实验所得结果和数据，按实际情况及时进行整理、计算和分析，重视总结实验中的经验教训，认真写好实验报告，按时交给指导老师。清理仪器，该洗涤的仪器及时洗涤，该放置的仪器按要求妥善放置。该切断(或关闭)的电源、水阀和气路，应及时切断(或关闭)。

二、实验记录及报告

实验数据的收集和记录应贯穿实验全过程。实验数据是科学研究的原始资料,并为科学研究提供重要信息。实验记录的基本要求是真实、及时、准确、完整,防止漏记和随意涂改,不得伪造、编造数据。在作实验记录和报告时,应注意以下几个问题:

(1)一个实验报告大体包括下列内容:实验名称、实验日期、实验目的、简要原理、实验步骤的简要描述(可用箭头式表示)、测量所得数据、各种观察与注解、计算和分析结果、问题和讨论。

这几项内容的取舍、繁简,应视各个实验的具体需要而定,只要能符合实验报告的要求,能简化的应当简化,需保留的必须保留,要详尽的也必须详尽。其中,前五项应在实验预习时写好。记录表格也应在预习时画好,其他内容则应在实验进行过程中以及实验结束时填写。

(2)记录和计算必须准确、简明(但必要的数据和现象应记全)、清楚,要使别人也容易看懂。

(3)记录本和篇页都应编号,不要随便撕去。切莫用小片纸做实验记录。

(4)记录和计算若有错误,应划掉重写,不得涂改。每次实验结束时,应将所得数据交给老师审阅,然后进行计算,绝对不允许私自编造数据。

(5)在记录或处理分析数据时,一切数字的准确度都应做到与分析的准确度相适应,即记录或计算到第一位可疑数字为止。一般滴定分析的准确度是千分之一至千分之几的相对误差,所以,记录或计算到第四位有效数字即可,因此,用计算器或四位对数表进行计算是适宜的。

三、化学计量中的误差和偏差

1. 误差的表征与表示

测量或计量中的误差是测定值和真值之差,根据产生原因不同分为系统误差和偶然误差两大类。系统误差是指在一定的试验条件下,由某种固定的原因使测定结果系统偏高或偏低的误差。系统误差具有单向性,多次重复出现,其大小及正、负值基本恒定等特点。偶然误差又称随机误差,由随机、偶然的原因造成,在分析操作中是不可避免的。偶然误差的出现表面上极无规律,可大可小,可正可负。但是,如果进行反复多次测定,会发现偶然误差的出现其实是符合统计规律的,即呈正态分布规律。

绝对误差是指测量值 x 与真值 μ 之差,以 E 表示:

$$E = x - \mu \tag{1-1}$$

相对误差是指绝对误差与真值的比值,常以 E_r 或 $E\%$ 表示:

$$E_r = \frac{E}{\mu} \times 100\% = \frac{x - \mu}{\mu} \times 100\% \tag{1-2}$$

从式(1-1)和式(1-2)可以看出,绝对误差和相对误差都表示分析结果与真值的偏离程度,数值越小表示测量值和真值越接近,其准确度越高;反之,数值越大,分析结果的准确度就越差,若测量值大于真值,误差为正值,分析结果偏高;若测量值小于真值,误差为负值,分析结果偏低。

2. 偏差的表征与表示

偏差是指在多次测量中单次测定结果与多次测定结果的平均值之间的差异。偏差越小,分析结果的精密度越高。

1）绝对偏差与相对偏差

绝对偏差是指某一测量值 x 与多次测量值的平均值 $\bar{x}$ 之差，以 d 表示。

$$d = x - \bar{x} \tag{1-3}$$

相对偏差是指绝对偏差与平均值的比值，常以 d_r 或 $d\%$ 表示。

$$d_r = \frac{d}{\bar{x}} \times 100\% = \frac{x - \bar{x}}{\bar{x}} \times 100\% \tag{1-4}$$

由式（1-3）和式（1-4）可知，绝对偏差和相对偏差只能用来衡量单次测量结果相对于平均值的偏离程度，为了更好地说明测量精密度，在一般分析测定中常用平均偏差（$\bar{d}$）来表示。

2）平均偏差与相对平均偏差

平均偏差是指单次测量值与平均值的偏差（取绝对值）之和除以测量次数，以 $\bar{d}$ 表示。

$$\bar{d} = \frac{1}{n}(|d_1| + |d_2| + |d_3| + \cdots + |d_n|) = \frac{1}{n}\sum_{i=1}^{n}|d_i| \tag{1-5}$$

相对平均偏差是指平均偏差与测量平均值的比值，常以 $\bar{d_r}$ 表示。

$$\bar{d_r} = \frac{\bar{d}}{\bar{x}} \times 100\% \tag{1-6}$$

平均偏差和相对平均偏差代表一组测量值中所有数值的偏差，不计正负。

3）标准偏差与相对标准偏差

标准偏差是偏差平方和的统计平均值，是表征整个测量值离散程度的特征值，它比平均偏差更灵敏地反映出较大偏差的存在，在一般分析工作中，有限次（$n<30$）测定时的标准偏差称为样本标准偏差，用 S 表示。

$$S = \sqrt{\frac{\sum_{i=1}^{n}(x_i - \bar{x})^2}{n-1}} \tag{1-7}$$

式中，$\bar{x}$ 是有限次测量结果的平均值。当 n 趋近于无限大时，$\bar{x}$ 趋近于总体平均值或真值 μ，相应的样本标准偏差 S 趋近于总体标准偏差 σ。

$$\sigma = \sqrt{\frac{\sum_{i=1}^{n}(x_i - \bar{x})^2}{n}} \tag{1-8}$$

相对标准偏差又称变异系数，是指标准偏差在平均值中所占的百分数，样本相对标准偏差以 RSD 表示，总体相对标准偏差以 CV 表示。

$$RSD = \frac{S}{\bar{x}} \times 100\% \tag{1-9}$$

$$CV = \frac{\sigma}{\bar{x}} \times 100\% \tag{1-10}$$

4）相差、相对相差、极差、相对极差

① 相差和相对相差。若相同条件下只做了两次测定，则用相差和相对相差表示精密度。

$$相差 = |x_1 - x_2| \tag{1-11}$$

$$相对相差 = \frac{相差}{\bar{x}} \times 100\% = \frac{|x_1 - x_2|}{\bar{x}} \times 100\% \tag{1-12}$$

② 极差和相对极差。极差又称范围误差或全距（Range），以 A 表示，是用来表示统计资料中的变异量数（Measures of Variation）。当测定一组数据时（$n \geq 3$），极差是最大值与最小值之间的差距，即最大值减最小值后所得之数据。

$$A = x_{max} - x_{min} \tag{1-13}$$

相对极差即为极差的相对值，可用于表示一组数值的离散（集中）程度。

$$A(\%) = \frac{A}{\bar{x}} \times 100\% = \frac{x_{max} - x_{min}}{\bar{x}} \times 100\% \tag{1-14}$$

3. 准确度与精密度的关系

精密度表示测定结果的重现性，准确度表示所得结果的可靠性。精密度是保证准确度的先决条件，精密度差表示测定结果的重现性差，但是精密度高不一定准确度好，因为它只表示测量系统的偶然误差小，对于有可能存在的系统误差的大小则无法表示。只有精密度、准确度都高的测定数据才是可信的。因此必须从精密度和准确度两方面来评价测定结果的好坏。图 1-1 表示 A、B、C、D 四人测定同一试样所得的分析结果。

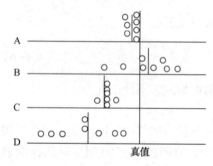

图 1-1　分析数据的准确度和精密度
（"○"表示个别测量值；"丨"表示平均值）

由图 1-1 可见，A 所得的结果精密度高且准确度好，表示测量的系统误差和偶然误差均很小；C 的精密度虽然很高，但明显存在系统误差，测定结果的准确度不高；D 的精密度和准确度均很差；B 的几个测定数据彼此相差较远，精密度不高，虽然其测定结果的平均值也接近于真值，但只是巧合。

综上所述，高精密度是获得好的准确度的前提，没有高的精密度，尤其在测定次数少的情况下不可能获得好的准确度。

四、有效数字及运算规则

在定量分析中，分析结果表达的不仅仅是数值的大小，还反映测定的准确程度，因此，在分析过程中，不仅要准确地测量，尽量消除系统误差，降低偶然误差，还要正确地记录数据和计算。

1. 有效数字的意义和位数

1）有效数字的意义

有效数字是指能实际测量到的数字，在分析化学中是指所有准确测得（确定）的数字加一位不确定数字。有效数字反映了所用量器的准确度，有效数字位数应与量器的准确度一致，不能任意增加或减少有效数字。例如，滴定管的最小刻度为 0.1mL，并可估计到 0.01mL，因此在滴定管上读取的 20mL 读数应记为 20.00mL，其准确度为 19.99~20.01mL；而 20mL 只能反映最小刻度为 1mL 的量筒上读取的体积，其准确度为 19~21mL。同样，如果在分析天平上称取试样 0.5000g，就不仅表明试样的质量为 0.5000g，还表明称量的误差在 ±0.0001g 以内；若将其质量记录为 0.50g，则表明该试样是在台秤上称量的，其称量误差为 0.01g。可见，无论计量仪器如何精密，其最后一位数总是估计出来的，即由有效数字表示的数据必然是近似值。因此测量值的记录和报告必须按照有效数字的计算规则进行。

2）有效数字的位数确定

① 在确定有效数字位数时，首先应注意数字"0"的意义。当它用于指示小数点的位置，不表示测量的准确度时，不是有效数字；当它用于表示与准确度有关的数字时，即为有效数字。即第一个非零数字前的"0"不是有效数字，如 0.0458，仅有三位有效数字。而小数中最后一个非零数字后的"0"是有效数字，如 0.750%，有三位有效数字。以零结尾的整数，有效数字的位数较难判断，如 25300，可能是三位、四位或者五位，为了避免出现上述情况，最好根据有效数字的准确度改写成指数形式，例如：2.53×10^4，三位有效数字；2.530×10^4，四位有效数字。

② 改变单位，有效数字的位数不改变，例如，22.00mL 可写成 0.02200L，两者都为四位有效数字。

③ pH 值、$\lg K$ 等对数值的有效数字位数仅取决于其小数点后数字位数，整数部分只起定位作用，不作为有效数字，例如，$pH = 12.00$、$\lg K = 6.21$ 都是两位有效数字。

④ 对于化学计算中常遇到的系数、倍数、常数 π、e 等，并非测量所得，所以其有效数字位数可视为无限位。

2. 有效数字的修约规则

对分析数据进行处理时，应按有关运算规则，合理保留有效数字位数，弃去多余的数字。目前，普遍采用"四舍六入五成双"的规则修约，具体进舍原则为：测量值中被修约数等于或小于 4 时，舍弃；大于或等于 6 时，进位；若数字为 5，则分两种情况决定取舍：若后面有非零数，则进位，若没有非零数，视前一位是单还是双，单则入，双则舍。

有效数字只能一次修约，不能连续分次修约，例如，15.347 只能一次修约成 15.3，如下的连续分次修约是错误的：15.347→15.35→15.4。

3. 有效数字的运算规则

在计算分析结果时，每个测量值的误差都会传递至分析结果，因此，必须根据有效数字的运算规则，先对各个数据进行合理修约，再计算结果。

1）加减法

加减法是各个数据绝对误差的传递，因此进行加减运算时，计算结果的误差由小数点后位数最少的数字决定，即由运算数据中绝对误差最大的数字决定。例如，0.012+21.52+1.0875=? 由于 21.52 的绝对误差为 ±0.01，最大，因此计算前，以 21.52 为依据，对其他两数进行修约，保留小数点后两位，再进行加和，即 0.012+21.52+1.0875→0.01+21.52+1.09=22.62。

2）乘除法

乘除法是各个数据相对误差的传递，因此进行乘除运算时，计算结果由有效数字位数最少的数字决定，即由运算数据中相对误差最大的数字决定。例如，$2.1879 \times 0.154 \times 60.06 = ?$ 由于 $\pm 1/154 \times 100\% = \pm 0.6\%$，0.154 的相对误差为 ±0.6%，最大，因此计算前，以有效数字位数最少的 0.154 为依据，对其他两数进行修约，保留三位有效数字，再进行乘法运算，即 $2.1879 \times 0.154 \times 60.06 \to 2.19 \times 0.154 \times 60.1 = 20.3$。

3）对数运算

在化学中对数运算很多，如 pH 值的计算，在这类运算中，对数的小数点后位数应与真数的有效数字位数相同，例如，$c(H^+) = 4.9 \times 10^{-11}$ mol/L，这是两位有效数字，所以 pH = $-\lg c(H^+) = 10.31$，有效数字仍只有两位；反过来，由 pH = 10.31 计算 $c(H^+)$ 时，也只能记作 $c(H^+) = 4.9 \times 10^{-11}$，而不能记成 4.898×10^{-11}。

有效数字运算时还需要注意以下几点：

① 运算过程中一般遵循"先修约，后计算，再修约"的原则，即可以先将参与运算的各数的有效数字位数修约到比该数应有的有效数字位数多一位，再进行运算，运算后再修约到应有的有效数字位数；

② 首位≥8 的数据修约时，可多算一位有效数字，例如，8.65 虽然只有三位有效数字，但第一位数为 8，运算时可看作四位有效数字；

③ 对于各类误差和偏差的计算，一般只要求一两位有效数字；涉及化学平衡的有关计算，由于常数的有效数字位数多为两位，结果一般保留两位有效数字。

第二节 化学分析实验室规则及安全注意事项

一、化学分析实验室规则

（1）实验室是教学、科研的重要场所。进入实验室的所有人员，必须严格遵守实验室的各项规章制度，认真操作，保持实验室内安静，尊重教师的指导及实验室人员的职权和劳动。

（2）实验室所有仪器设备及工具、药品等，一切无关人员不得随意动用。实验室工作人员亦无权擅自外借。如确需外借，按有关规定办理。

（3）实验前必须预习实验内容，明确目的要求，熟悉方法步骤，掌握基本原理。认真听取指导教师讲解实验目的、步骤、仪器和药品性能、操作方法和注意事项。

（4）实验前根据清单清点实验仪器和药品，如有缺少、损坏应立即报告教师；贵重公用仪器(如天平)，使用前要认真检查，如发现部件短缺或性能不正常，应停止使用，及时报告教师。实验时爱护仪器，节约试剂、水和电；损坏仪器要及时告知指导教师，填写报损单、补领新仪器并照章赔偿(一般为 10%~30%)；如果隐瞒不报，一经发现要加倍赔偿。实验课程结束后要按清单交还仪器。

（5）实验时应严格按照规范的操作要求进行，仔细观察实验现象并及时记录。所有实验中的原始数据必须记录在实验记录本上，不得涂改、编造实验数据，严禁抄袭他人的实验记录。

（6）实验课期间不能擅自离开实验室，不得随意更改座次。禁止将食物带入实验室，上课后应及时将手机关闭。

（7）实验时注意安全，使用腐蚀性强、易燃、易爆和有毒药品要小心谨慎，如果在实验中发生意外事故不要惊慌，要保持冷静，采取应急措施，防止事故扩大，如切断电源、气源等，并立即报告教师或实验技术人员处理。

（8）实验过程中废纸应放入固废缸、废液应倒入废液缸中，严禁倒入水槽，以防止堵塞、腐蚀下水道，污染环境。要随时保持操作台面整齐清洁。

（9）实验完毕，整理好实验装置，妥善处理废物并做好实验台面的清洁工作（包括水槽），经教师许可才能离开实验室。值日生应认真做好实验室的清洁卫生，关好水、电、门、窗。教师和实验技术人员应分别填写实验室工作日志，确认安全、卫生无问题后方可离开。

二、实验室安全注意事项

（1）熟悉实验室周围环境和安全设施（灭火器、报警器、楼道电闸等）位置，以及安全出口和逃生通道的走向。

（2）熟悉实验室内安全设施及水、电、气总开关的位置。

（3）熟悉防护眼镜、紧急喷淋器和洗眼器的位置和使用方法。

（4）熟悉待做实验的注意事项，特别是安全方面。

（5）掌握着火、爆炸、触电、漏水、烧伤、危险化学品中毒等事故应急处理的基本常识。如受化学灼伤，应立即用大量水冲洗皮肤，同时脱去被污染的衣物；眼睛受化学灼伤或异物入眼，应立即将眼睁开，用大量水冲洗，至少持续冲洗15min；如烫伤，可在烫伤处抹上黄色的苦味酸溶液或烫伤软膏；严重者应立即送医院治疗。

（6）使用电器设备时，应特别细心，切不可用湿手去开启电闸和电器开关。凡是漏电的仪器，切勿使用，以免触电。

（7）使用精密仪器时，应严格遵守操作规程。仪器使用完毕后，将仪器各部分旋钮恢复到原来的位置，关闭电源，拔出插头。

（8）爱护所有实验设施和公共物品，保持好环境卫生。

三、基本安全操作

1. 电热设备安全使用

（1）电热设备应放在没有易燃、易爆性气体和粉尘及有良好通风条件的专门房间内，设备周围不能有可燃物品和其他杂物。

（2）电热设备的功率一般较大，应有专用线路和插座，要经常检查电热设备的使用情况，如：控温器件是否正常，隔热材料是否破损，电源线是否过热、老化等。

（3）电热设备接通后不可长时间无人看管，要有人值守、巡视。

（4）不要在温度范围的最高限值长时间使用电热设备。

（5）不可将未预热的器皿放入高温电炉内。

（6）电热烘箱一般用来烘干玻璃仪器及加热过程中不分解、无腐蚀性的试剂或样品。挥发性易燃物或刚用乙醇、丙酮淋洗过的样品、仪器等不可放入烘箱中加热，以免发生火灾或爆炸。

（7）烘箱门关好即可，不能上锁。

（8）加热或浓缩液体，一般都应在通风橱内的电热板上进行。在电炉上加热时，可垫上石棉铁丝网，以防过热或爆沸，造成不必要的损失。加热或进行激烈反应时，人不得离开。

2. 化学试剂安全使用

（1）使用危险化学品时应佩戴防护手套。

（2）不可品尝化学试剂，不要直接俯向容器口去嗅化学试剂的气味，而应保持适当的距离，摆动手掌使少许气味入鼻。不要闻未知毒性的试剂。

（3）不要用嘴来吸移液管或填充虹吸管，应使用洗耳球或抽气机。

（4）对于低沸点的液体（如乙醚、丙酮、四氯化碳等），容器内不可盛得过满，不可置于日晒或高温处。开启这类容器时勿使瓶口正对人身。使用后应将瓶塞盖紧，放在阴凉处保存。

（5）装有化学试剂的容器必须立即贴好标签（包括试剂名称、纯度、相对分子质量、密度等），使用时应仔细阅读标签。

（6）量取化学试剂时，若遗洒在实验台面和地面，须及时清理干净。

（7）易燃、易爆物质必须根据需要领取，使用时要远离火源，并严格按操作规程操作。

（8）凡涉及有毒、有刺激性气体的操作，一定要在通风橱中进行。取用剧毒物质时，必须有严格审批手续，按量领取，剩余废液或反应产物都必须统一回收，统一处理，决不允许倒入下水道。

（9）浓酸和浓碱具有腐蚀性，使用时应注意，不得溅及人身。配制酸溶液时，应将浓酸注入水中，而不得将水注入浓酸中。

（10）自瓶中取用试剂后，应立即盖好试剂瓶盖。绝不可将取出的试剂或试液倒回原试剂或试液贮存瓶中。

（11）妥善处理无用的或沾污的试剂，废酸、废碱及固体弃于废物缸内，一般水溶性液体用大量水冲入下水道。

（12）汞盐、砷化物、氰化物等剧毒物品，使用时应特别小心，氰化物不能接触酸，否则产生 HCN，剧毒！氰化物废液应倒入碱性亚铁盐溶液中，使其转化为亚铁氰化铁盐，然后直接倒入下水道中。H_2O_2 能腐蚀皮肤，接触过化学药品后，应立即洗手。

（13）倾注试剂，开启浓氨水等试剂瓶和加热液体时，不要俯视容器口，以防液体溅出或气体冲出伤人。

（14）下列实验应在通风橱内进行。

① 制备或反应产生具有刺激性的、恶臭的或有毒的气体（如 H_2S、NO_2、Cl_2、CO、SO_2、Br_2、HF 等）。

② 加热或蒸发 HCl、HNO_3、H_2SO_4 等溶液。

③ 溶解试样。

3. 玻璃器皿安全操作

（1）使用玻璃器皿前应仔细检查是否有裂纹或破损，如果有，应及时更换完好无损的备件，使用时应轻拿轻放以防打碎。

（2）将玻璃管插入橡胶塞或在玻璃管上套橡胶管时应注意防护，插管时可戴手套或垫毛巾包着玻璃管进行操作。橡胶塞打孔过小时不可强行插入玻璃管或温度计，应涂抹些润滑剂或重新打孔。

（3）进行试管加热时，勿使管口朝向自己或他人，以防溶液溅出伤人。

（4）量筒、试剂瓶、培养皿等玻璃制品不可在火上或电炉上加热，不能在试剂瓶或量筒中稀释浓硫酸或溶解固体试剂。

（5）灼热的器皿放入干燥器时不可马上盖严，应暂留小缝适当放气。挪动干燥器时应双手操作，并用两手的大拇指按紧盖子，以防因滑落而打碎。

（6）容量瓶、滴定管、移液管等精密量器不可放入烘箱中烘干，应自然晾干或低温吹干。

（7）操作真空或密封的玻璃仪器时应格外小心。

4. 铬酸洗液安全操作

铬酸洗液是含有饱和 $K_2Cr_2O_7$ 的浓硫酸溶液，具有强酸性、强腐蚀性和强毒性，使用过程中要十分小心。

（1）使用前确认待洗容器内没有遗留大量的水或有机溶剂，同时确认铬酸洗液没有失效。若铬酸洗液颜色变绿，则失效不能使用。

（2）取适量铬酸洗液（不要超过待洗容器容积的1/4）放入待洗容器内，缓慢旋转、倾斜待洗容器，使洗液浸润全部内表面并充分接触。

（3）使用后的铬酸洗液若颜色仍是深棕色，应倒回原瓶。如果使用后洗液颜色明显变绿，则一定不要倒回原瓶，应倒入专用的废液回收瓶。应将待洗容器尽量控干净，使残留在容器内部的洗液尽量少。

（4）用少量自来水充分润洗已用铬酸洗液浸润过的待洗容器，将第一次的水洗液倒入专用的废液回收瓶中，再依次用自来水、去离子水充分淋洗，已无明显颜色的水洗液可倒入下水槽。

（5）铬酸洗液的瓶盖要塞紧，以免吸水失效；使用铬酸洗液前应戴好防护手套；使用过程中若有遗洒，应及时处理。

四、实验过程中的人身防护

1. 眼部防护

（1）为避免眼部受伤或尽可能降低眼部受伤的危害，化学实验过程中应佩戴防护眼镜，以防飞溅的液体、颗粒物及碎屑等对眼部造成冲击或刺激，以及毒性气体对眼睛伤害。

（2）普通的视力校正眼镜不能起到可靠的防护作用，实验过程中应在校正眼镜外另戴防护眼镜。

（3）不要在化学实验过程中佩戴隐形眼镜。

2. 手部防护

手部保护的重要措施是佩戴防护手套，佩戴防护手套应注意：

（1）佩戴前应仔细检查所用手套（尤其是指缝处），确保质量完好，未老化、无破损。

（2）试验操作过程中若接触日常物品（如电话机、门把手、笔等），则应脱下防护手套，以防有毒有害物质污染扩散。

（3）了解防护手套的种类，要根据具体的情况选择合适的防护手套。

3. 防护服

（1）实验者在化学实验过程中必须穿着防护服，以防止躯体皮肤受到伤害，同时保护日常着装不受污染，普通的防护服（实验服）为长袖、过膝、多以棉或麻为材料。

（2）进行一些特殊实验时，必须穿着专门的防护服。不可穿着已污染的实验服进入办公室、会议室、食堂等公共场所。

（3）实验者不得在实验室穿拖鞋、短裤，应穿不露脚面的鞋和长裤，实验过程中长发应束起，有条件的话可以佩戴防护帽。

4. 通风柜（橱）

（1）为了防止直接吸入有毒有害气体、蒸气或微粒，所有涉及挥发性有毒有害物质（含刺激性物质）或毒性不明的化学物质的实验操作都必须在通风柜（橱）中进行。

（2）为了保障排风不受阻碍，一般情况下通风柜（橱）内不应放置大件设备、不可堆放试剂或其他杂物，只放当前使用的物品，而且危险化学品及玻璃仪器不宜离柜门太近。进行化学实验操作时，不可将头伸进通风柜（橱），为了保持足够的风速将有毒有害气体排走，应尽量使柜门放低。

5. 紧急洗眼器和紧急喷淋器

为在为防止实验过程中实验者因化学品喷溅、溢洒等原因而受伤害，化学实验室应安装紧急洗眼器和紧急喷淋器。前者一般安装在实验台水池附近，后者可安装在实验室或楼道中间。实验室负责人对新进实验室的学生和教师进行设备使用的培训。管理人员应定期检查和维护设备，确保其正常使用，尤其是紧急洗眼器应至少每周启用一次，查看是否能够正常运行并避免管路中产生水垢。

6. 急救药箱

化学实验室备有急救药箱，装有常备药品：消毒酒精、烫伤膏、创可贴、医用橡皮膏、纱布、镊子、碘酒等，急救药箱一般放置在实验室或实验值班室，保管人员应保持药箱内物品的洁净和有效。

五、实验室安全风险评估

1. HSE 管理体系

HSE 管理体系是指健康（Health）、安全（Safety）和环境（Environment）三位一体的管理体系，是一种事前通过识别与评价，确定在活动中可能存在的危害及后果的严重性，从而采取有效的防范手段、控制措施和应急预案来防止事故的发生或把风险降到最低程度，以减少人员伤害、财产损失和环境污染的有效管理方法。

2. 实验过程风险评估

对经典实验或实验单元进行实验过程风险分析，对实验过程中存在的化学品、微生物、实验气体、设备等进行固有危险源分析，对实验活动中产生的危险及其应对措施进行分析，明确实验过程中需要配备的个人防护用品和应急设施，并注明废弃物处置要求。

（1）分析范围：以实验团队或实验室为单位。

（2）分析对象：经典实验或实验单元。

（3）分析人员：实验室老师主持、学生参与。

（4）分析步骤：

① 筛查、建立团队实验室所应用（或可能采用）的实验清单；

② 分类整理，确定经典实验或实验单元类型清单；

③ 确定经典实验或实验单元方案，包括所应用到的化学品、仪器设备等；

④ 利用《实验安全风险评估表》对经典实验或实验单元进行分析；

⑤ 实验安全风险评估结果审核确认；

⑥ 根据实验安全风险评估及结果建立经典实验操作标准操作流程（SOP）；

⑦ 定期评估，定期更新。

（5）《实验安全风险评估表》（参考表格，可根据学科及实验特点进行修改，也可学生通过讨论确认后自己制定）

实验安全风险评估表

学院：		实验人员：	
实验地点：		指导老师：	
评估时间：		审核人员：	

实验名称：
实验原理：
实验步骤：
使用到的试剂及仪器：
实验周期：

使用到的危险化学品情况描述

危险源类别	危险源	危险特性	安全使用方法防护措施	备注

实验过程的风险分析

实验单元/典型步骤/实验步骤	操作危险源	操作风险分析	防护措施	意外事故应急

健康与安全防护

实验室		个人防护	
通风橱 □		实验服/防护服 □	
局部通风 □		手套 □	
泄漏报警 □		手套类型 _____	
		护目镜 □	
		紧急喷淋洗眼装置 □	

是否需要其他防护　　是□　　否□　　若需要请列出 _____

废弃物处置

含卤素试剂 □	废酸(除 HF) □	强氧化剂 □
非卤素试剂 □	HF □	活泼型金属及其有机物 □

有机物：

无机物：

第三节　化学分析实验室使用的纯水

化学分析实验室用于溶解、稀释和配制溶液的水，都必须先经过纯化。分析要求不同，对水质纯度的要求也不同。故应根据不同要求，采用不同方法制得纯水。

一般实验室用的纯水有蒸馏水、二次蒸馏水、去离子水、电导水等。

一、水纯度的检查

1. 酸度检查

要求纯水的 pH 值在 6~7。检查方法是在两支试管中各加 10mL 待测的水，一管中加 2 滴 0.1%甲基红指示剂，不显红色，另一管中加 5 滴 0.1%溴百里酚蓝指示剂，不显蓝色，即为合格。

2. 硫酸根检查

取 2~3mL 待测水，放入试管中，加 2~3 滴 2mol/L 盐酸酸化，再加 1 滴 0.1%氯化钡溶液，放置 15h，不应有沉淀析出。

3. 氯离子检查

取 2~3mL 待测水，加 1 滴 6mol/L 硝酸酸化，再加 1 滴 0.1%硝酸银溶液，不产生混浊。

4. 钙离子检查

取 2~3mL 待测水，加数滴 6mol/L 氨水使之呈碱性，再加 2 滴饱和草酸铵溶液，放置 12h 后，应无沉淀析出。

5. 镁离子检查

取 2~3mL 待测水，加 1 滴 0.1%鞑靼黄及数滴 6mol/L 氢氧化钠溶液，如有淡红色出现，即有镁离子存在，如呈橙色则合格。

6. 纯水的电阻率和电导率

纯水的电阻率和电导率如表 1-1 所示。

表 1-1 各种纯水的电阻率、电导率

项　　目	蒸馏水	去离子水	电导水
25℃时电阻率/($\Omega \cdot cm$)	10^5	10^6	10^6
25℃时电导率/[$1/(\Omega \cdot cm)$]	10^{-5}	10^{-6}	10^{-6}

二、各种纯水的制备

1. 蒸馏水

将自来水在蒸馏装置中加热汽化，然后将蒸汽冷凝即可得到蒸馏水。由于杂质离子一般不挥发，所以蒸馏水中所含杂质比自来水少得多，比较纯净，但还含有少量杂质。

（1）二氧化碳溶在水中生成碳酸，使蒸馏水显弱酸性。

（2）冷凝管和接受器本身的材料可能或多或少地进入蒸馏水，这些装置所用的材料一般是不锈钢、纯铝或玻璃等，所以可能带入金属离子。

（3）蒸馏时少量液体杂质成雾状飞出而进入蒸馏水。

为了获得比较纯净的蒸馏水，可以进行重蒸馏，并在准备重蒸的蒸馏水中加入适当的试剂以抑制某些杂质的挥发。如加入甘露醇能抑制硼的挥发，加入碱性高锰酸钾可破坏有机物并防止二氧化碳蒸出，如要使用更纯净的蒸馏水，可进行第三次蒸馏或用石英蒸馏器进行再蒸馏。

2. 去离子水

去离子水是使自来水通过离子交换树脂柱后所得的水。制备时，一般将水依次通过阳离子交换树脂柱、阴离子交换树脂柱及阴、阳离子树脂混合交换柱。这样得到的水纯度比蒸馏水纯度高。市售的 70 型离子交换纯水器可用于实验室制备去离子水。普通水经过离子交换树脂时，水中所含杂质离子（阴离子和阳离子）与离子交换树脂上的 OH^- 和 H^+ 分别交换，交换到水中的 OH^- 和 H^+ 结合成水，从而得到纯净的"去离子水"。

3. 电导水

在第一套硬质玻璃（最好是石英）蒸馏器中装入蒸馏水，加入少量 $KMnO_4$ 晶体，经蒸馏除去水中有机物质，即得重蒸馏水，再将重蒸馏水注入第二套硬质玻璃（最好也是石英）蒸馏器中，加入少许 $BaSO_4$ 和 $KHSO_4$ 固体进行蒸馏，弃去馏头、馏后各 10mL，取中间馏分。用这种方法制得的电导水，应收集在连接碱石灰吸收管的接受器内，以防止空气中的二氧化碳溶于水中。电导水应保存在带有碱石灰吸收管的硬质玻璃瓶内，保存时间不能太长，一般在两周以内。

第四节　试剂的一般知识

一、常用试剂的规格

化学试剂的规格是以其中所含杂质多少来划分的，一般可分为四个等级，其规格和使用范围见表1-2。

表 1-2　试剂规格和使用范围

等级	名　称	英文名称	符　号	适用范围	标签标志
一级品	优级纯（保证试剂）	Guaranteed reagent	G. R.	纯度很高，适用于精密分析工作和科学研究工作	绿色
二级品	分析纯（分析试剂）	Analytical reagent	A. R.	纯度仅次于一级品，适用于多数分析工作和科学研究工作	红色
三级品	化学纯	Chemically pure	C. P.	纯度较二级差些，适用于一般分析工作	蓝色
四级品	实验试剂医用	Laboratorial reagent	L. R.	纯度较低，适用作实验辅助试剂	棕色或其他颜色
	生物试剂	Biological reagent	B. R. 或 C. R.		黄色或其他颜色

此外，还有光谱试剂、基准试剂、色谱纯试剂等。这类高纯试剂的生产、贮存和使用都有一些特殊的要求。

指示剂的纯度往往不太明确，除少数标明"分析纯""试剂纯"外，经常只写明"化学试剂""企业标准"或"部分页暂行标准"等。

基准试剂的纯度相当于或高于保证试剂。基准试剂作为滴定分析中的基准物是非常方便的，也可用于直接配制标准溶液。

在分析工作中，选择试剂的纯度除了要与所用方法相当外，其他如实验用的水、操作器皿也要与之相适应。若试剂都选用 G. R. 级的，则不宜使用普通的蒸馏水或去离子水，而应使用经两次蒸馏制得的重蒸馏水。所用器皿的质地也要求较高，使用过程中不应有物质溶解到溶液中，以免影响测定的准确度。

选用试剂时，要注意节约的原则，不要盲目追求纯度高，应根据工作具体要求取用。优级纯和分析纯试剂虽然是市售试剂中的纯品，但有时由于包装不慎而混入杂质，或运输过程中可能发生变化，或贮藏日久而变质，所以还应具体情况具体分析。对所用试剂的规格有所怀疑时应该进行鉴定。在有些特殊情况下，市售的试剂纯度不能满足要求时，分析者应自己动手精制。

二、取用试剂应注意事项

（1）取用试剂时应注意保持清洁。瓶塞不许任意放置，取用后应立即盖好密封，以防被其他物质沾污或变质。

（2）固体试剂应用洁净干燥的小勺取用。取用强碱性试剂后的小勺应立即洗净，以免腐蚀。

（3）用吸管取试剂溶液时，决不能用未经洗净的同一吸管插入不同的试剂瓶中取用。

（4）在分析工作中，试剂的浓度及用量应按要求适当使用，过浓或过多，不仅造成浪费，而且还可能产生副反应，甚至得不到正确的结果。

三、试剂的保管和使用

在实验室中试剂的保管也是一项十分重要的工作。有的试剂因保存不好而变质失效，这不仅是一种浪费，而且还会使分析工作失败，甚至会引起事故。一般的化学试剂应保存在通风良好、干燥、干净的房间里，防止水分、灰尘和其他物质沾污。同时，根据试剂性质应有不同的保管方法。

（1）容易侵蚀玻璃而影响试剂纯度的，如氢氟酸、含氟盐（氟化钾、氟化钠、氟化铵）、苛性碱（氢氧化钾、氢氧化钠）等，应保存在塑料瓶或涂有石蜡的玻璃瓶中。

（2）见光会逐渐分解的试剂，如过氧化氢、硝酸银、焦性没食子酸、高锰酸钾、草酸、铋酸钠等，与空气接触易逐步被氧化的试剂，如氯化亚锡、硫酸亚铁、亚硫酸钠等，以及易挥发的试剂，如溴、氨水及乙醇等，应放在棕色瓶内置冷暗处。

（3）吸水性强的试剂如无水碳酸盐、苛性钠、过氧化钠等应严格密封（应该蜡封）。

（4）易相互作用的试剂，如挥发性的酸与氨，氧化剂与还原剂，应分开存放。易燃的试剂如乙醇、乙醚、苯、丙酮与易爆炸的试剂如高氯酸、过氧化氢、硝基化合物，应分开贮存在阴凉通风、不受阳光直接照射的地方。

（5）剧毒试剂，如氰化钾、氰化钠、氢氟酸、二氯化汞、三氧化砷（砒霜）等，应特别妥善保管，经一定手续取用，以免发生事故。

（6）使用前要认清标签；取用时不可将瓶盖随意乱放，应将瓶盖反放在干净的地方。固体试剂应用干净的药匙取用，用毕立即将药匙洗净，晾干备用。液体试剂一般用量筒取用。倒试剂时，标签朝上，不要将试剂泼撒在外，多余的试剂不应倒回试剂瓶内，取完试剂随手将瓶盖盖好，切不可"张冠李戴"，以防沾污试剂。

（7）装盛试剂的试剂瓶都应贴上标签，写明试剂的名称、规格、日期等，不可在试剂瓶中装入与标签不符的试剂，以免造成差错。标签脱落的试剂，在未查明前不可使用。标签书写或打印，以保存字迹长久。标签的四周要剪齐，并贴在试剂瓶的 2/3 处，以使整齐美观。

（8）使用标准溶液前，应把试剂充分摇匀。

第五节　常用玻璃器皿的洗涤

分析化学实验中要求使用洁净的器皿，因此，在使用前必须将器皿充分洗净。常用的洗涤方法有：

（1）刷洗。用水和毛刷洗涤除去器皿上的污渍和其他不溶性和可溶性杂质。

（2）肥皂、合成洗涤剂洗涤。洗涤时先将器皿用水润湿，再用毛刷蘸少许洗涤剂，将仪器内外洗刷一遍，然后用水边冲边刷洗，直至洗净为止。

（3）用铬酸洗液（简称洗液）洗涤。

① 洗液的配制：将 8g 重铬酸钾用少量水润湿，慢慢加入 180mL 粗浓硫酸，搅拌以加速溶解。冷却后贮存于磨口试剂瓶中。

② 洗涤：将被洗涤器皿尽量保持干燥，倒少许洗液于器皿中，转动器皿使其内壁被洗液浸润（必要时可用洗液浸泡），然后将洗液倒回原装瓶内以备再用（若洗液的颜色变绿，则另作处理）。再用水冲洗器皿内残留的洗液，直至洗净为止。如用热的洗液洗涤，则去污能力更强。洗液具有很强的腐蚀性，用时必须注意。

已洗净的仪器壁上不应附着不溶物、油垢，这样的仪器可以完全被水润湿。把仪器倒转过来，如果水顺着仪器流下，器壁上只留下一层即薄又均匀的水膜，而不挂水珠，则表示仪器已经干净。已洗净的仪器不能再用布或纸抹，因为布或纸的纤维会留在器壁上而弄脏仪器。

在实验中洗涤仪器的方法，也一定要根据实验的要求，脏物的性质，弄脏的程度来选择。在定量实验中，对仪器的洗涤要求比较高，除一定要求器壁上不挂水珠外，还要用蒸馏水冲洗二三次。用蒸馏水冲洗仪器时，采用顺壁冲洗并加摇荡以及每次用水量少而多洗几次的办法，能达到清洗得好、快、省的目的。

第二章 分析天平

准确称量物质的质量是获得准确分析结果的第一步。分析天平是定量分析工作中最重要、最常用的精密称量仪器，一般是指能精确称量到 0.0001g（0.1mg）的天平。每一项定量分析都直接或间接地需要使用分析天平，而分析天平称量的准确度对分析结果又有很大的影响，因此必须了解分析天平的构造、性能和原理，并掌握正确的使用方法，避免因天平的使用或保管不当影响称量的准确度，从而获得准确的称量结果。正确熟练地使用分析天平进行称量是做好分析工作的基本保证。

第一节 电子分析天平的原理及结构

电子分析天平、电子天平是随着科学技术的进步发展起来的最新一代天平，它具有结构简单、方便实用、称量速度快等特点，已广泛用于科学技术、工业生产、医药卫生、计量等领域。

一、电子分析天平的称量原理

人们把用电磁力平衡来称物体重力的天平称为电子分析天平。其特点是称量准确可靠、显示快速清晰并且具有自动检测系统、简便的自动校准装置以及超载保护等装置。电子分析天平是根据电磁平衡原理设计的，由一个磁钢、一个与秤盘相连接的线圈、一个位移传感器以及电流控制电路和放大器组成。线圈置于磁钢形成的磁场之中，秤盘及被称物体的重力作用于线圈上。通电后，充分预热天平后，磁场强度不变，线圈长度固定，置于磁场中的线圈产生的电磁力大小与电流强度呈正比，如果调节磁场方向使电磁力与重力方向相反并使其与之平衡，则此时物体质量与电流强度呈正比。位移传感器位于预定中心位置，当秤盘放上或取下物体时，为保持天平平衡，位移传感器根据检出的位移信号通过控制器改变线圈的电流大小直到线圈回到中心位置，这个电流改变量通过放大和转换为样品的质量显示。

简单而言，电子分析天平是利用电子装置完成电磁力补偿的调节，使物体在重力场中实现力的平衡，或通过电磁力矩的调节，使物体在重力场实现力矩的平衡。它具有使用寿命长、性能稳定、操作简便和灵敏度高等特点。此外，电子分析天平具有自动校正、自动去皮、超载指示、故障报警等功能，以及具有质量电信号输出功能，还可与打印机、计算机联用，进一步扩展其功能，如统计称量的最大值、最小值、平均值和标准偏差等。电子分析天平具有称量范围和读数精度可变的功能，如瑞士梅特勒 EL104 天平，称量范围在 0~120g，读数精度为 0.1mg。

二、电子分析天平的主要部件

电子分析天平的外形及相关部件如图 2-1 所示，主要部件介绍如下。

1. 秤盘

电子分析天平的秤盘多由金属材料制作，具有固定的几何形状及厚度，以圆形和方形居多，安装在电子分析天平传感器上，是天平进行称量的承重装置。在使用中要保持卫生清洁，不可随意更换秤盘。

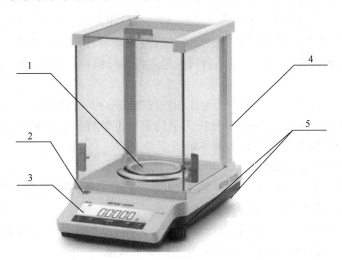

图 2-1   电子分析天平的外形及相关部件

1—秤盘；2—水平泡；3—显示器；4—机壳(三面玻璃移门)；5—底脚

2. 气泡均衡仪(水平泡)

气泡均衡仪的作用是在任务中有效地判定电子分析天平的水平位置。

3. 显示器

目前，电子分析天平显示器基本有两类：一类是数码管的显示器，另一类是液晶显示器，其作用是把输出的数字信号显示在屏幕上。

4. 机壳

机壳的作用是保护电子分析天平，避免受到灰尘等物质的侵害，同时也是电子元件的基座。一般有"上、左、右"三面玻璃移门。

5. 底脚

电子分析天平的支撑部件，同时也是电子分析天平水平位置的调节部件。一般靠后面两个调整脚来调节天平的水平。

三、电子分析天平安装室的环境要求

(1)房间应避免暗阳光直射，最好选择阴面房间或采用遮光办法。

(2)应远离震源，如铁路、公路、震动机等震动机械，无法避免时应采取防震措施。

(3)应远离热源和高强电磁场等环境。

(4)工作室内温度应恒定，20℃左右最佳。

(5)工作室内的相对湿度应在45%~75%之间最佳。

(6)工作室内应清洁干净，避免气流的影响。

(7)工作室内应无腐蚀性气体的影响。

(8)工作台应牢固可靠。

第二节   电子分析天平的校准及使用

一、电子分析天平的校准

电子分析天平从首次使用起，应对其定期校准。如果连续使用，需每星期校准一次。校准时必须用标准砝码，有的天平内配有标准砝码，可以用其校准天平。校准前，电子分析天平必须开机预热 1h 以上，并校对水平。校准时应按规定程序进行，否则将起不到校准的作用，最好让天平整天开着。这样，电子分析天平内部保持恒定的操作温度，有利于称量过程的准确性。

电子分析天平的校准方法分为内校准法和外校准法两种。德国生产的赛多利斯、瑞士产的梅特勒、上海产的"JA"等系列电子分析天平均有校准装置。如果使用前不仔细阅读说明书很容易忽略"校准"操作，造成较大的称量误差。

二、电子分析天平的使用方法

一般情况下，只使用"开/关"键，"除皮/调零"键和"校准/调整"键。操作步骤如下：

（1）接通电源（电插头），预热 30min 以上。

（2）检查气泡均衡仪（在天平后面或面板的右上角），如不水平，应通过调节天平前边左、右（或后边左、右）两个水平支脚而使其达到水平状态。

（3）按一下"开/关"键，显示屏很快出现"0.0000g"。

（4）如果显示不是"0.0000g"，则要按一下"调零"键。

（5）将被称物轻轻放在称量盘上，这时可见显示屏上的数字在不断变化，待数字稳定并出现质量单位"g"后，即可读数（最好再等几秒）并记录称量结果。

（6）称量完毕，取下被称物。如果不久还要继续使用天平，可暂时不按"开/关"键，天平将自动保持零位，或者按一下"开/关"键（但不可拔下电源插头），让天平处于待命状态，即显示屏上数字消失，左下角出现一个"0"，再来称样时按一下"开/关"键就可使用。

三、使用注意事项

（1）烘干的称量瓶、灼烧过的坩埚等一般放在干燥器内冷却到室温后进行称量。它们暴露在空气中会因吸湿而使质量增加，空气湿度不同，吸附的水分不同，故称量样品要求速度快，否则，会因为被称容器表面的湿度变化而带来误差。

（2）在称量过程中应关好天平门，称好的试样必须定量转移到接收容量瓶中。样品能吸附或放出水分或具有挥发性，使称量质量改变。灼烧产物都有吸湿性，应盖上坩埚盖称量。

（3）试样绝不能洒落在称量盘上和天平内。当用"去皮"键连续称量时，应注意防止天平过载。

（4）称量完毕，卸下载物，用软毛刷做好清洁工作，关闭天平门。

四、简单故障的排除

（1）天平显示"L"。可能称量盘下面有异物或气流罩与称量盘碰在一起。排除方法：轻轻拿起称量盘检查是否有异物在称量盘下，清扫干净；轻轻转动称量盘或气流罩查看是否有触碰的现象，调整气流罩的位置。

（2）称量结果明显错误。可能电子天平未经调校，或称量之前未清零。排除方法：对天平进行调校，称量前清零。

（3）称量结果不断改变。可能是天平两侧门开着，振动太大。排除方法：称量时开天平门/关天平门一定要轻缓不能有振动，读数时两侧门要关上。

（4）天平每次称量完之后，示值不回零位。可能是天平放置不水平、天平预热时间短或线性误差太大，超出了应答范围。排除方法：调整天平水平仪、应预热 30min 以上，天平需定期进行校正或应根据天平说明书进行线性调整。

第三节　分析天平的称量方法

根据不同的称量对象，须采用相应的称量方法。下面介绍三种常用的称量方法。

一、直接称量法

在空气中没有吸湿性，不与空气反应的试样，可以用直接法称样。称样的步骤是：用牛角勺取固体试样放在已知质量的洁净的表面皿或硫酸纸上，一次称取一定质量的试样，然后将试样全部转移到接收容器中。

二、递减称量法（差减法）

递减称样法是分析工作中最常用的一种方法，其称取试样的质量由两次称量之差而求得。这种方法称出试样的质量只需在要求的称量范围内，而不要求是固定的数值。在空气中，易吸潮、易氧化、易与 CO_2 反应的样品，多用递减法称样。试样质量由两次称量之差求得。

先在托盘天平上粗称出盛装试剂的称量瓶质量，然后放在分析天平上准确称量其质量，再用叠成约 1cm 宽的洁净纸条套在称量瓶上，左手拿住纸条两端(图 2-2)。将称量瓶从天平盘上取出，拿到接受器上方，右手打开瓶盖，将瓶身慢慢向下倾斜，用瓶盖轻轻调敲击瓶口上方，让试样慢慢落入接受容器中，如图 2-3 所示。

图 2-2　捏取称量瓶

图 2-3　倾出样品

当倾出试样接近需要量时，一边继续轻敲瓶口，一边逐渐将瓶身竖直。盖好瓶盖，将称量瓶放回天平盘上，再准确称其质量。两次质量之差即为倒入接收容器里的试样质量。若称取三份试样，只要连续称量四次即可。

下面是称量三份试样的原始记录见表 2-1。

表 2-1　原始记录表

试样编号	1#	2#	3#
称量瓶与试样质量/g	18.6896	18.4783	18.2662
倾出试样后称量瓶与试样质量/g	18.4783	18.2662	18.0550
试样质量/g	0.2113	0.2121	0.2112

在记录熟练后可简化如下：

1#	2#	3#
18.6896	18.4783	18.2662
−18.4783	−18.2662	−18.0550
0.2113	0.2121	0.2112

递减称样法比较简单、快捷、准确，常用此法称取基准物质和待测试样。

三、固定质量称样法

在实际工作中，有时要求准确称取某一指定质量的物质，如用直接法配制指定浓度的标准溶液时，常用此法称取标准物质的质量。此法只能用来称取不易吸湿，且不与空气作用、性质稳定的粉末状的物质，不适于块状固体物质的称量。

第三章　滴定分析仪器和基本操作

第一节　滴定分析仪器的洗涤

滴定分析中使用的玻璃器皿都必须洗涤干净。干净器皿的器壁应能被水均匀润湿而不挂水珠。

对于广口的一般器皿如锥形瓶、烧杯、量筒等，可以用毛刷蘸取洗涤剂或肥皂水擦洗，若无特殊的污染，经这样洗涤后，用自来水冲洗干净，再用少量蒸馏水冲洗三次。

对于细口带刻度的量器，如滴定管、移液管及容量瓶等，为了避免容器内壁受机械磨损而影响容积测量的准确度，不能用刷子刷洗，而用洗涤剂或铬酸洗液进行洗涤。

第二节　滴定分析仪器的准备和使用

滴定分析是根据滴定时所消耗的标准溶液的体积及其浓度来计算分析结果的。因此，除了要准确地确定标准溶液的浓度外，还必须准确地测量它的体积。溶液体积测量的误差是滴定分析中误差的主要来源。体积测量如果不准确(如误差大于 0.2%)，其他操作步骤即使做得很准确也是徒劳的。因此，为了使分析结果能符合所要求的准确度，就必须准确地测量溶液的体积。要准确测量溶液的体积，一方面决定于所用容量仪器的容积是否准确；另一方面还决定于能否正确使用这些仪器。

在滴定分析中测量溶液准确体积所用的容量仪器有：滴定管、移液管和吸量管及容量瓶等。滴定管、移液管、吸量管为"量出"式量器，量器上标有"A"字样，但我国目前统一用"Ex"表示"量出"，用来测定从量器中放出液体的体积；一般容量瓶为"量入"式量器，量器上标有"E"字样，但我国目前统一用"In"字样表示"量入"，用于测定注入量器中测体的体积。另一种是"量出"式容量瓶，瓶上标有"A"或"Ex"字样，它表示在标明温度下，液体充满到标线刻度后，按一定方法倒出液体时，其体积与瓶上标明的体积相同。

一、滴定管

滴定管是用于准确测量滴定时放出的操作溶液体积的量器，它是具有刻度的细长玻璃管，随其容量及刻度值的不同，滴定管分为常量滴定管、半微量滴定管、微量滴定管三种(见表 3-1)；按要求不同，有"蓝带"滴定管、棕色滴定管(用于装高锰酸钾、硝酸银、碘等标准溶液)；按构造不同分为普通滴定管和自动滴定管；按其用途不同又分为酸式滴定管及碱式滴定管。

带有玻璃磨口旋塞以控制液滴流出的是酸式滴定管(简称酸管)，如图 3-1(a)所示，用来盛放酸类或氧化性溶液。但不能装碱性溶液，因为磨口旋塞会被碱腐蚀

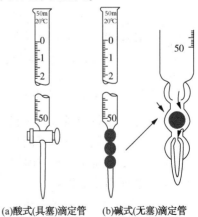

(a)酸式(具塞)滴定管　(b)碱式(无塞)滴定管

图 3-1　滴定管

而粘住不能转动。用带玻璃珠的乳胶管控制液滴，下端再连一尖嘴玻璃管的是碱式滴定管（简称碱管）如图 3-1(b) 所示，用于盛入碱性溶液和非氧化性溶液，不能装 $KMnO_4$、I_2、$AgNO_3$ 等溶液，以防将胶管氧化而变性。

表 3-1 滴定管的容量及刻度值

分类名称	容量/mL	刻度值/mL	分类名称	容量/mL	刻度值/mL
常量	50	0.1	微量	5	0.01 或 0.05
	20	0.1		2	
半微量	10	0.05		1	

（一）使用前的准备

1. 洗涤

酸式滴定管的洗涤：无明显油污不太脏的酸式滴定管，可用肥皂水或洗涤剂冲洗，若较脏而又不易洗净时，则用铬酸洗液浸泡洗涤，每次倒入 10~15mL 洗液于滴定管中，两手平端滴定管，并不断转动，直至洗液布满全管为止，洗净后将一部分洗液从管口放回原瓶，然后打开旋塞，将剩余的洗液从出口管放回原瓶中。滴定管先用自来水冲洗，再用蒸馏水润洗几次，若油污严重，可倒入温洗液浸泡一段时间（或根据具体情况，使用针对性洗涤液进行清洗），然后按上述步骤洗涤干净。

洗涤时，应注意保护玻璃旋塞，防止碰坏。洗净的滴定管内壁应完全被水均匀润湿，不挂水珠。

碱式滴定管的洗涤：碱式滴定管的洗涤方法与酸管相同，但在需用洗液洗涤时要注意洗液不能直接接触乳胶管。为此，可取下乳胶管，将碱式滴定管倒立夹在滴定管架上，管口插入装有洗液的烧杯中，用洗耳球插管口上反复吸取洗液进行洗涤，然后用自来水冲洗滴定管，并用蒸馏水润洗几次。

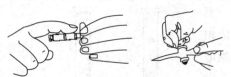

图 3-2　酸式滴定管涂油操作示意图

2. 涂油、试漏

酸式滴定管使用前应检查旋塞转动是否灵活，与滴定管是否密合，如不合要求，则取下旋塞，用滤纸片擦干净旋塞和旋塞槽，用手指蘸少量凡士林在旋塞的两头涂上薄薄的一层，在离旋塞孔的两旁少涂凡士林，以免凡士林堵住旋塞孔，如图 3-2 所示（如果凡士林堵塞小孔，可用细铜丝轻轻将其捅出。如果还不能除净，则用热洗液浸泡一定时间，或用有机溶剂除去）。把旋塞直接插入旋塞槽内，插时，旋塞孔应与滴定管平行，径直插入旋塞槽，此时不要转动旋塞，这样可以避免将油脂挤到旋塞孔中去。然后，向同一方向不断旋转旋塞，直到旋塞和旋塞槽上的油脂全部透明为止。旋转时，应有一定的旋塞小头方向挤的力，以免来回移动旋塞，使孔受堵，最后用橡皮筋套在旋塞上以防塞子滑出而损坏。

经上述处理后，旋塞应转动灵活，油脂层没有纹路，旋塞呈均匀透明状态，可进行试漏。检查滴定管是否漏水时，可将酸式滴定管旋塞关闭用水充满至"0"刻度，把滴定管直立夹在滴定管架上静置2min，观察刻度线液面是否下降，滴定管下端管口及旋塞两端是否有水渗出，可用滤纸在旋塞两端查看，将旋塞转动180°，再静置2min，看是否有水渗出，若前后两次均无水渗出，旋塞转动也灵活，即可使用。如果漏水，则应该重新进行涂油操作。

碱式滴定管使用前应检查乳胶管是否老化、变质，要求乳胶管的玻璃珠大小合适，能灵活控制液滴，玻璃珠过大，则不便操作；过小，则会漏水。如不合要求，应重新装配玻璃珠和乳胶管。

3. 装溶液与赶气泡

准备好的滴定管，即可装操作溶液（即标准溶液或被标定的溶液）。

装操作溶液前，应将试剂瓶中的溶液摇匀，使凝结在瓶内壁上的水珠混入溶液，这在天气比较热，室温变化比较大时更有必要。混匀后将操作溶液直接倒入滴定管中，不得用其他容器（如烧杯、漏斗）来转移，此时左手前三指持滴定管上部无刻度处，并可稍微倾斜，右手拿住细口瓶往滴定管中倒溶液。如用小试剂瓶，可用右手握住瓶身（瓶签向手心）倾倒溶液于管中，大试剂瓶则仍放在桌上。手拿瓶颈使瓶慢慢倾斜，让溶液慢慢沿滴定管内壁流下。

先用摇匀的操作溶液将滴定管润洗三次（第一次10mL左右，大部分可由上口放出，第二、三次各5mL左右，可以从出口管放出），以除去管内残留水分，确保操作溶液浓度不变。为此，注入操作溶液10mL，然后两手平端滴定管（注意把住玻璃旋塞）慢慢转动溶液，一定要使操作溶液流遍全管内壁，并使溶液接触管壁1~2min，每次都要打开旋塞冲洗出口管。将润洗溶液从出口管放出，并尽量把残留液放尽。最后，关好旋塞，将操作溶液倒入，直到充满至"0"刻度以上为止。

对于碱管，仍要注意玻璃珠下方的洗涤。

装好溶液的滴定管。使用前必须注意检查滴定管的出口管是否充满溶液，旋塞附近或胶管内有无气泡。为使溶液充满出口管和除去气泡，在使用酸管时，滴定管夹在滴定架上，装满水，底部放一个小烧杯，观察管壁、管尖是否有气泡，如有气泡，旋塞打开最大，靠水压把气泡排出，排出后关上旋塞。如果管尖气泡还没有排除干净，从滴定架上取下滴定管，右手拿着滴定管的上端，左手扶住下端并使滴定管倾斜约30°，左手迅速打开旋塞，溶液冲出排出气泡（下面用烧杯承接溶液），这时出口管中应不再有气泡。若气泡仍未排出，可重复操作，也可打开旋塞，同时抖动滴定管，使气泡排出。如仍不能使溶液充满出口管，可能是出口管未洗净，必须重新洗涤。

在使用碱管时，装满溶液后，应将其从滴定管架上取下，左手拇指和食指拿住玻璃珠所在部位，并使乳胶管向上弯曲30°，出口管斜向上方，然后在玻璃珠部位往一旁轻轻捏挤胶管，使溶液从管口喷出（如图3-3所示），气泡即随之排出，再一边捏乳胶管一边把乳胶管放直，注意当乳胶管放直后，再松开拇指和食指，否则出口仍会有气泡。最后把管外壁擦干。

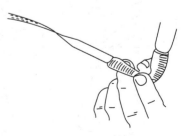

图3-3　碱式滴定管
排除气泡

排除气泡后，装入操作液至"0"刻度以上，并调节液面处于0.00mL处备用。

（二）滴定管的使用

1. 滴定管的操作

进行滴定时，应该将滴定管垂直地夹在滴定管架上。

酸式滴定管的使用：左手无名指和小指向手心弯曲，轻轻地贴着出口管，用其余的三指控制活塞的转动（如图3-4所示），但应注意不要向外拉旋塞以免推出旋塞造成漏液，也不要过分往里扣，以免造成旋塞转动困难而不能操作自如。

碱式滴定管的使用：左手无名指及小指夹住出口管，拇指与食指在玻璃珠所在部位往一旁捏挤乳胶管，玻璃珠移至手心一侧，使溶液从玻璃珠旁边空隙处流出（如图3-5所示），注意：①不要用力捏玻璃珠，也不能使玻璃珠上下移动；②不要捏到玻璃珠下部的乳胶管，以免空气进入而形成气泡，影响读数；③停止滴定时，应先松开拇指和食指，最后才松开无名指与小指。

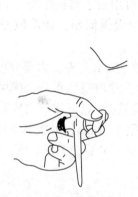 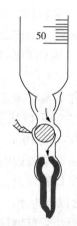

图3-4　操纵旋塞的姿势　　　　图3-5　碱式滴定管使用

无论使用哪种滴定管，都必须掌握三种滴液方法：①逐滴连续滴加，即一般的滴定速度，"见滴成线"的方法3~4滴/s；②一滴一滴去滴，要做到需加一滴就能只加一滴的熟练操作；③使液滴悬而不落，即只加半滴，甚至不到半滴的方法。

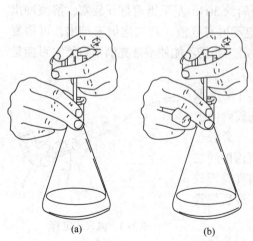

图3-6　锥形瓶的摇动

2. 滴定操作

滴定前后都要记取读数，终读数与初读数之差就是溶液的体积。滴定操作一般在锥形瓶中进行，也可在烧杯内进行。最好以白瓷板作背景。滴定开始前用洁净小烧杯内壁轻碰滴定管尖端，以把悬在滴定管尖端的液滴除去。

在锥形瓶中滴定时，用右手前三指拿住瓶颈，其余两指辅助在下侧，调节滴定管高度，使瓶底离滴定台高约2~3cm，使滴定管的下端伸入瓶口约1cm，左手按前述方法控制滴定管旋塞滴加溶液，右手运用腕力摇动锥形瓶，边滴加边摇动，使溶液随时混合均匀，反应及时进行完全，两手操作姿势如图3-6(a)所示。

若使用碘瓶等具塞锥形瓶滴定，瓶塞要夹在右手的中指与无名指之间[如图3-6(b)所示]，不要放在其他地方。

滴定操作应注意下述几点：

（1）摇瓶时，应微动腕关节，使溶液向同一方向作圆周运动，但勿使瓶口接触滴定管，溶液也不得溅出。

（2）滴定时左手不能离开旋塞让溶液自行流下。

（3）注意观察液滴落点周围溶液颜色的变化。开始时应边摇边滴，滴定速度可稍快(每秒3~4滴为宜)，但不要流成水流。接近终点时，应改为加一滴，摇几下，最后每加半滴，即摇动锥形瓶，直至溶液出现明显的颜色变化，准确到达终点为止。滴定时，不要去看滴定管上部的体积，而不顾滴定反应的进行。

加半滴溶液的方法如下：微微转动旋塞，使溶液悬挂在出口管嘴上，形成半滴(有时还可控制不到半滴)，用锥形瓶内壁将其沾落，再用洗瓶以少量蒸馏水吹洗瓶壁。

用碱管滴加半滴溶液时，应先松开拇指和食指，将悬挂的半滴溶液沾在锥形瓶内壁上，以避免出口管尖端出现气泡。

（4）每次滴定最好都从"0.00"mL处开始(或从"0"mL附近的某一固定刻度线开始)，这样可固定使用滴定管的某一段，以减少体积误差。

3. 滴定管的读数

滴定管读数不准确是滴定分析误差的主要来源之一，因此，正确读数应遵循下列原则。

（1）装满或放出溶液后，必须等1~2min，待附着在内壁上的溶液流下后，再进行读数。如果放出溶液的速度较慢(例如，滴定到最后阶段，每次只加半滴溶液时)，等0.5~1min即可读数。每次读数前要检查一下管壁是否挂水珠，管尖是否有气泡，是否挂水珠。若在滴定后挂有水珠，读数是无法读准确的。

（2）读数时应将滴定管从滴定管架上取下，用右手大拇指和食指捏住滴定管上部无刻度处，其他手指从旁辅助，使滴定管保持垂直，然后读数。若把滴定管夹在滴定管架上读数，应使滴定管保持垂直(一般不采用，因为很难确保滴定管垂直)。

（3）由于水的附着力和内聚力的作用，滴定管内的液面呈弯月形，无色或浅色溶液的弯月面比较清晰。读数时，应读弯月面下缘实线的最低点，即视线在弯月面下缘实线最低处且与液面成一水平，如图3-7所示。对于有色溶液，其弯月面是不够清晰的，读数时，可读液面两侧最高点，即视线应与液面两侧最高点成水平。例如对 $KMnO_4$、I_2 等有色溶液的读数就应如此，注意初读数与终读数应采用同一标准。

（4）读数要求读到小数点后第二位，即估计到±0.01mL，如读数为25.23mL，数据应立刻记录在本上。

（5）为了便于读数，可以在滴定管后衬一黑白两色的读数卡。读数时使黑色部分在弯月面下约1mm左右，弯月面的反射层即全部成为黑色，如图3-8所示，读此黑色弯月面下缘的最低点。但对深色溶液须读两侧最高点时，可以用白色卡作为背景。

（6）使用"蓝带"滴定管时，液面呈现三角交叉点，读取交叉点与刻度相交点的读数，如图3-9所示。

（7）滴定至终点时应立即关闭旋塞，并注意不要使滴定管中的溶液有稍许流出，否则终读数便包括流出的半滴溶液。

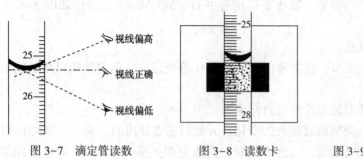

图 3-7　滴定管读数　　　　图 3-8　读数卡　　　　图 3-9　蓝线衬背滴定管读数

滴定结束后，滴定管内剩余的溶液应弃去，不得将其倒回原试剂瓶中，以免沾污整瓶操作溶液，随即洗净滴定管，倒置在滴定管架上。

二、容量瓶

容量瓶是用于测量容纳液体体积的一种量器。是一种"量入式量器"（瓶上标有"E"或"In"字样）。它是细颈梨形的平底玻璃瓶，带有玻璃磨口塞或塑料塞，如图 3-10 所示，瓶颈上刻有环形标线。在指定温度下，当溶液充满至标线时，所容纳的液体体积等于瓶上标示的体积。主要是用于配制标准溶液、试样溶液。也可用于将准确容积的浓溶液稀释成准确容积的稀溶液，此过程通常称为"定容"。常用的容量瓶有 10mL、25mL、50mL、100mL、200mL、250mL、500mL、1000mL、2000mL 等各种规格。

1. 容量瓶的准备

容量瓶在使用前要洗涤干净，洗涤方法与滴定管相同。洗净的容量瓶内壁应为蒸馏水均匀润湿，不挂水珠，否则要重洗。

带玻璃磨口塞的容量瓶使用前要检查瓶塞是否漏水。检查方法如下：注入自来水至标线附近，盖好瓶塞，左手食指按住瓶塞，其余手指拿住瓶颈标线以上部分，右手指尖托住瓶底边缘[如图 3-11(a)所示]，将瓶倒立 2min，观察瓶塞周围是否有水渗出（可用滤纸查看），如不漏水，将瓶倒立，将瓶塞旋转 180°后，再如上述进行检查，如不漏水，即可使用。不可将玻璃磨口塞放在桌面上，以免沾污和搞错，打开瓶塞操作时，可用右手的食指和中指夹住瓶塞的扁头，如图 3-11(b)所示（也可用橡皮圈或细尼龙绳将瓶塞系在瓶颈上，细绳应稍短于瓶颈），如果瓶塞漏水，该容量瓶则不能使用。

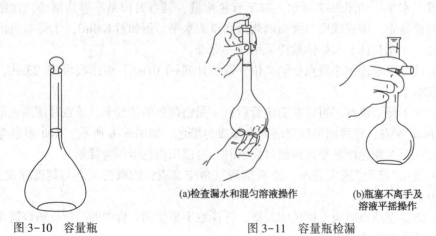

图 3-10　容量瓶　　　　　　　　　(a)检查漏水和混匀溶液操作　　(b)瓶塞不离手及溶液平摇操作

图 3-11　容量瓶检漏

2. 容量瓶的使用

用容量瓶配制标准溶液或试样溶液时，最常用的方法是将准确称取的待溶固体物质放于

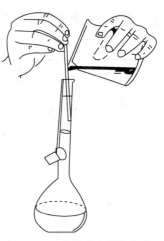

小烧杯中，加水或其他溶剂将其溶解，然后将溶液定量地转移至容量瓶中。在转移过程中，用一玻璃棒插入容量瓶内，玻璃棒的下端靠近瓶颈内壁，上部不要碰瓶口，烧杯嘴紧靠玻璃棒，使溶液沿玻璃棒和内壁慢慢流入。要避免溶液从瓶口溢出（如图 3-12 所示），待溶液全部流完后，将烧杯沿玻璃棒稍向上提，同时使烧杯直立，使附着在烧杯嘴的一滴溶液流回烧杯中，并将玻璃棒放回烧杯中。注意勿使溶液流至烧杯外壁引起损失。用洗瓶冲洗玻璃棒和烧杯内壁五次以上，洗涤液按上述方法移入容量瓶，使残留在烧杯中的少许

图 3-12　溶液转入容量瓶操作

溶液定量地转移至容量瓶中，然后加蒸馏水稀释。当加水至容量瓶的四分之三左右时，用右手将容量瓶拿起，按水平方向旋摇几周［图 3-12（b）］，使溶液初步混匀。继续加水至距离标线约 1cm 处，等 1~2min 使附在瓶颈内壁的溶液流下后，再用细长的滴管滴加蒸馏水（注意切勿使滴管接触溶液）至弯月面下缘与标线相切；也可用洗瓶加水至标线，盖上瓶塞。用左手食指按住瓶塞，右手指尖托住瓶底边缘［见图 3-11（a）］将容量瓶倒置并摇荡，再倒转过来，使气泡上升到顶，如此反复 10 次左右，使溶液充分混匀。最后，放正容量瓶，打开瓶塞，使瓶塞壁周围的溶液流下，重新盖好瓶塞，再倒转振荡 3~5 次使溶液全部混匀。

若用容量瓶把浓溶液定量稀释，则用移液管移取一定体积的浓溶液，放入容量瓶中，稀释至标线，按上述方法摇匀，可得到准确浓度的稀溶液。

热溶液必须冷却至室温后，再移入容量瓶中，稀释至标线，否则会造成体积误差。

不要用容量瓶长期存放溶液，如溶液准备使用较长时间，应转移到磨口试剂瓶中保存，试剂瓶应用配好的溶液充分洗涤、润洗后，方可使用。

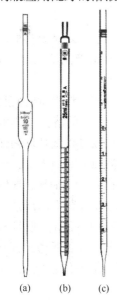

容量瓶不能放在烘箱内烘干也不能加热。如需使用干燥的容量瓶时，可将容量瓶洗净，再用乙醇等有机溶剂荡洗后凉干或用电吹风的冷风吹干。使用后的容量瓶应立即用水冲洗干净。如长期不用，磨口处应洗净擦干，并用纸片将磨口隔开。

三、单标线吸量管和分度吸量管

吸量管是准确移取一定量溶液的量器，单标线吸量管又称移液管，是一根细长而中间有膨大部分（称为球部）的玻璃管。管颈上部刻有环形标线，膨大部分标有它的容积和标定时的温度［如图 3-13（a）所示］。在标明的温度下，先使溶液吸入管中，溶液弯月面下边缘与吸量管的单标线相切，再让溶液按一定方法自由流出，则流出的溶液体积与管上标明的体积相同。常用的移液管有 5mL、10mL、25mL、50mL、100mL 等规格。

分度吸量管具有分刻度的玻璃管［图 3-13（b）、（c）］，可以准确量取标示范围内任意体积的溶液。使用时，将溶液吸入，读取与液面相切的刻度（如"0"刻度），然后将溶液放出至适当刻

　　　(a)　　(b)　　(c)

图 3-13　移液管和吸量管

度,两刻度之差即为放出溶液的体积。分度吸管的型式、规格见表3-2。

表3-2　分度吸管的型式、规格

型　式		级　别	标称容量/mL	使　用　方　法
完全流出式	慢流式	A、A2及B级	1、2、5、10、25、50	液体自标线流至管下口 A 级、A2 级等待 15s,B 级和快流式等待 3s(流液口要保留残液)
	快流式		1、2、5、10	
吹出式		B 级	0.1、0.2、0.25、0.5、1、2、5、10	液体自标线流至管下端随即将管下端残留液全部吹出
不完全流出式		A、A2及B级	0.1、0.2、0.25、0.5	液体自标线流至最低标线上约 5mm 处,A 级、A2 级等待 15s,B 级等待 3s,然后调至最低标线

图 3-14　吸取溶液

1. 吸量管的准备

单标线吸量管和分度吸量管在使用前都应该洗净,使整个内壁和下部的外壁不挂水珠。为此,可先用自来水冲洗一次,再用铬酸洗液洗涤。以左手持洗耳球,将食指和拇指放在洗耳球的上方,右手拿住吸量管标线以上的地方,将洗耳球紧接在移液管口上(如图 3-14 所示),排除洗耳球中的空气,将吸量管插入洗液瓶中,左手拇指和食指慢慢放松将洗液缓缓吸入单标线吸量管球部或分度吸量管全管约 1/3 处,用右手食指按住管口移去洗耳球,把管横置,左手扶住管的下端,慢慢开启右手食指一边转动吸量管,一边使管口降低,让洗液布满全管进行润洗,最后将洗液从上口放回原瓶,然后用自来水充分冲洗,再用洗耳球吸取蒸馏水润洗三次,并用洗瓶冲洗管下部的外壁。如果内壁污染严重,则应把吸量管放入盛有洗液的大量筒中,浸泡 15min 至数小时,取出再用自来水冲洗、蒸馏水润洗。

吸量管的尖端容易碰坏,操作要小心。

2. 使用方法

在用洗净的吸量管移取溶液前,为避免吸量管管壁及尖端上残留的水进入所要移取的溶液中,使溶液浓度改变,应先用滤纸将尖端内外的水吸干,然后用待吸溶液润洗三次(按洗涤移液管的方法进行),但用过的溶液应从下口放出弃去。

移取溶液时,用右手的大拇指和中指拿住单标线吸量管管颈标线上方,将吸量管直接插入待吸溶液液面下 1~2cm 处,不要伸入太深,以免吸量管外壁沾附有过多的溶液,影响量取溶液体积的准确性;也不要伸入太浅,以免液面下降后造成吸空。吸液时将洗耳球紧接在吸量管口上,并注意容器中液面和吸量管尖的位置,应使吸量管尖随液面下降而下降,当管内液面上升至标线稍高位置时,迅速移去洗耳球,并用右手食指按住管口,将吸量管向上提,使其离开液面,并使管的下部沿待吸液容器内壁轻转两圈,以除去管外壁上的溶液。另取一干净小烧杯,将吸量管放入烧杯中,使管尖端紧靠烧杯内壁,烧杯稍倾斜,吸量管垂直,微微松开食指,并用拇指和中指轻轻转动吸量管,让溶液慢慢流出,液面下降,直到溶液的弯月面与标线相切时(注意观察时眼睛与移液管的标线应处在同一水平位置上),立刻用食指按住管口,使溶液不再流出。

取出单标线吸量管,左手改拿接受容器,将接受容器倾斜。将吸量管放入接受容器中,使管尖与容器内壁紧贴成45°左右，并使吸量管保持垂直，松开右手食指，使溶液自由地沿壁流下，如图3-15所示。待液面下降到管尖后，再等待15s后取出移液管。注意：除非在管上特别注明"吹"字以外，管尖最后残留的溶液切勿吹入接受器中。因为在校正吸量管的容量时，就没有把这滴溶液计算在内，此种单标线吸量管称非吹式吸量管。但必须指出，由于管口尖部做得不很圆滑，因此，留存在管尖部位的体积可能会由于靠接受器内壁的管尖部位方位不同而有大小的变化，为此，可在等15s后，将管身往左右旋转一下，这样管尖部分每次留存的体积将会基本相同，不会导致平行测定时出现过大误差。

用分度吸量管吸取溶液时，吸取溶液和调节液面至上端标线的操作与单标线吸量管相同。放液时用食指控制管口，使液面慢慢下降，至与所需刻度相切时按住管口，将溶液移至接受容器。

若吸量管的分度刻至管尖，管上标有"吹"字（吹出式），并且需要从最上面的标线放至管尖时，则在溶液流至管尖后，随即从管口轻轻吹一下即可，若无"吹"字的吸量管（完全流出式），不必吹出残留在管尖的溶液。

图3-15 放溶液姿势

还有一种吸量管，分度刻到离管尖尚差1~2cm（不完全流出式），使用这种吸量管时，应注意不要使液面下降到刻度以下（见表3-2使用方法）。

在同一实验中应尽可能使用同一根吸量管的同一段体积，并且尽可能使用上段，而不用末端收缩部分。

单标线吸量管和分度吸量管用完后应立即用自来水冲洗，再用蒸馏水冲洗干净，放在吸量管架上。吸量管不能放在烘箱中烘烤。

第三节 玻璃仪器的校准

由于温度的变化、试剂的侵蚀等原因，容量器皿的实际容积与它所标识出的容积往往不完全相符，甚至其误差可以超过分析所允许的误差范围。此值必须符合一定标准（容量允差）下面是一些容量仪器的国家规定的容量允差。

一、容量仪器的允差

1. 滴定管

国家规定的滴定管容量允差列于表3-3（摘自国家标准GB 12805—2011）。

表3-3 常用滴定管的容量允差

标称总容量/mL		1	2	5	10	25	50	100
分度值/mL		0.01	0.02	0.02	0.05	0.1	0.1	0.2
容量允差(±)/mL	A级	0.010	0.010	0.010	0.025	0.04	0.05	0.10
	B级	0.020	0.020	0.020	0.050	0.08	0.10	0.20

2. 容量瓶

国家规定的容量瓶允差列于表3-4（摘自国家标准GB 12806—2011）

表 3-4　常用容量瓶的容量允差

标称容量/mL	容量允差(±)/mL		标称容量/mL	容量允差(±)/mL	
	A 级	B 级		A 级	B 级
1	0.010	0.020	100	0.10	0.20
2	0.010	0.030	200	0.15	0.30
5	0.020	0.040	250	0.15	0.30
10	0.020	0.040	500	0.25	0.50
20	0.03	0.06	1000	0.40	0.80
25	0.03	0.06	2000	0.60	1.20
50	0.05	0.10	5000	1.20	2.40

3. 吸量管

国家规定的单标线吸量管容量允差列于表 3-5(摘自国家标准 GB 12808—2015)

表 3-5　单标线吸量管的容量允差

标称容量/mL		1	2	3	5	10	15	20	25	50	100
容量允差(±)/mL	A 级	0.007	0.010	0.015	0.020	0.025	0.030			0.050	0.080
	B 级	0.015	0.020	0.030	0.040	0.050	0.060			0.100	0.160

玻璃量器分为量入式和量出式。

量入式玻璃量器：量器上标识的体积表示容量仪器容纳的体积，包括器壁上所挂液体的体积，用符合"E"表示。

量出式玻璃量器：量器上标识的体积表示从容量仪器中放出的液体的体积，不包括器壁上所挂液体的体积，用符号"A"表示，或用"E_x"表示

因此，在滴定分析中，特别是准确度要求较高的分析工作中，必须对容量器皿进行校准。

二、容量仪器的校准

由于玻璃具有热胀冷缩的特性，在不同的温度下容量器皿的体积也有所不同。因此，校准玻璃容量器皿时，必须规定一个共同的温度值，这一规定温度值为标准温度。在国际上规定玻璃容量器皿的标准温度为 20℃，即在校准时都将玻璃容量器皿的容积校准到 20℃时的实际容积。校准工作是一项技术较强的工作，操作一定要正确，故对实验室有下列要求：①天平的称量误差应小于量器允差的 1/10；②使用分度值为 0.1℃的温度计；③室内温度变化不超过 1℃/h，室温最好控制在 20℃±5℃以内。

容量仪器的校准在实际工作中通常采用如下两种校准方法。

1. 相对校准

当两种容量仪器平行使用时，它们的容积有一定的比例关系，可采用相对校准方法进行校准。相对校准法是相对比较的两个容器所盛液体体积呈一定的比例关系。例如：25mL 移液管与 250mL 容量瓶平行使用，前者量取液体的体积是后者的十分之一。

在实际的分析工作中，容量瓶与移液管常常配套使用，如将一定量的物质溶解后在容量瓶中定容，用移液管取出一定的体积进行定量分析。如用 25mL 移液管从 250mL 容量瓶中移出溶液的体积是否是容量瓶体积的 1/10，一般只需要作容量瓶和移液管的相对校准。校

准的方法如下：

用洗净的 25mL 移液管吸取蒸馏水，放入洗净沥干的 250mL 容量瓶中，平行移取 10 次，观察容量瓶中水的弯液面下缘是否与标线相切，相切说明移液管与容量瓶体积的比例为 1∶10；若不相切，表示有误差，记下弯月面下缘的位置，待容量瓶沥干后再校准一次；连续两次实验相符后，用一平直的窄纸条贴在与弯月面相切之处，并在纸条上刷蜡或贴一块透明胶布以此保护此标记。以后使用容量瓶与移液管即可按所贴标记配套使用。

在分析工作中，滴定管一般采用绝对校准法，用作取样的移液管，必须采用绝对校准法，配套使用的移液管和容量瓶可采用相对校准法。绝对校准法准确，但操作比较麻烦。相对校准法操作简单，但必须配套使用。

使用中的滴定管、分度吸管、单标线吸管、容量瓶等玻璃仪器的检定周期为三年，其中用于碱溶液的量器和无塞滴定管为一年。

2. 绝对校准（也叫称重法）

绝对校准法是测定容量器皿的实际容积，是指称取滴定分析仪器某一刻度内放出或容纳纯水的质量，根据该温度下纯水的密度，将水的质量换算成体积的方法。其换算公式为：

$$V_t = \frac{m_t}{\rho_水}$$

式中　V_t——t℃时水的体积，mL；

　　　m_t——t℃时在空气中称得水的质量，g；

　　　$\rho_水$——t℃时在空气中的密度，g/mL。

将称出的纯水质量换算成体积时，必须考虑下列三方面的因素：

① 水的密度随温度的变化而变化。校准时，水的温度尽可能的接近室温。

② 温度对玻璃仪器热胀冷缩的影响。温度改变时，因玻璃的膨胀和收缩，量器的容积也随之而改变，因此，在不同的温度校准时，必须以标准温度为基础加以校准。

③ 在空气中称量时，空气浮力对纯水质量的影响。校准时，在空气中称量，由于空气浮力的影响，称得的质量必小于在真空中称得的质量，这个减轻的质量应该加以校准。

在一定温度下，上述 3 个因素的校准值是一定的，所以可以将其合并为一个总校准值。此值表示玻璃仪器中容积（20℃）为 1mL 的纯水在不同温度下，于空气中用黄铜砝码称得的质量，列于表 3-6 中。

表 3-6　玻璃容器中 1mL 水在空气中用黄铜砝码称得的质量

温度/℃	质量/g	温度/℃	质量/g	温度/℃	质量/g	温度/℃	质量/g
1	0.99824	11	0.99832	21	0.99700	31	0.99464
2	0.99832	12	0.99823	22	0.99680	32	0.99434
3	0.99839	13	0.99814	23	0.99660	33	0.99406
4	0.99844	14	0.99804	24	0.99638	34	0.99375
5	0.99848	15	0.99793	25	0.99617	35	0.99345
6	0.99851	16	0.99780	26	0.99593	36	0.99312
7	0.99850	17	0.99765	27	0.99569	37	0.99280
8	0.99848	18	0.99751	28	0.99544	38	0.99246
9	0.99844	19	0.99734	29	0.99518	39	0.99212
10	0.99839	20	0.99718	30	0.99491	40	0.99177

利用此值可将不同温度下的质量换算成 20℃ 时的体积，其换算公式为：

$$V_{20} = \frac{m_t}{\rho_t}$$

式中　m_t——t℃ 时在空气中用砝码称得玻璃仪器中放出或装入的纯水的质量，g；

ρ_t——1mL 的纯水在 t℃ 用黄铜砝码称得的质量，g；

V_{20}——将 m_t g 纯水换算成 20℃ 时的体积，mL。

1）滴定管的校准

将滴定管洗净，加入纯水，驱除活塞下的气泡，取一 50mL 磨口塞锥形瓶，擦干外壁、瓶口及瓶塞，在分析天平上称取其空瓶的质量。将滴定管的水面调节到正好在 0.00mL 刻线处，按滴定时常的速度（每秒 3~4 滴）将一定体积的水放入已称过质量的 50mL 具塞锥形瓶中，注意勿将水沾在瓶口上。在分析天平上称量盛水的锥形瓶的质量，计算水的质量及真实体积，倒掉锥形瓶中的水，擦干瓶外壁、瓶口和瓶塞，再次称量瓶的质量。滴定管重新装水至 0.00mL 刻度，再放至另一体积的水至锥形瓶中，称量盛水瓶的质量，测定当时水的温度，查出该温度下 1mL 的纯水用黄铜砝码称得的质量，计算出此段水的实际体积。如上继续检定至 0 到最大刻度的体积，计算真实体积。

重复检定 1 次，两次检定所得同一刻度的体积相差不应大于 0.01mL（注意：至少检定两次），算出各个体积处的校准值（二次平均），以读数为纵坐标，校准值为横坐标，画校准曲线，以备使用滴定管时查取。

一般 50mL 滴定管每隔 10mL 测一个校准值，25mL 滴定管每隔 5mL 测一个校准值，3mL 微量滴定管每隔 0.5mL 测一个校准值。

[例 3-1] 校准滴定管时，在 21℃ 时由滴定管中放出 0.00~10.03mL 水，称得其质量为 9.981g，计算该段滴定管在 20℃ 时的实际体积及校准值各是多少？

解：查表 3-6 得，21℃ 时 $\rho_{21} = 0.99700$ g/mL

$$V_{20} = \frac{9.981}{0.99700} = 10.01 \, (\text{mL})$$

该段滴定管在 20℃ 时的实际体积为 10.01mL。

体积校准值：　　　　　　　$\Delta V = 10.01 - 10.03 = -0.02 \, (\text{mL})$

该段滴定管在 20℃ 时的校准值为 -0.02mL。

2）容量瓶的校准

将洗涤干净的容量瓶倒置沥干水分的容量瓶放在天平上称量。取蒸馏水充入已称重的容量瓶中至刻度，称量并测水温（准确至 0.5℃）。根据该温度下的密度，计算真实体积。

[例 3-2] 15℃ 时，称得 250mL 容量瓶中至刻线时容纳纯水的质量为 249.520g，计算该容量瓶在 20℃ 时的校准值是多少？

解：查表 3-6 得，15℃ 时 $\rho_{15} = 0.99793$ g/mL

$$V_{20} = \frac{249.520}{0.99793} = 250.04 \, (\text{mL})$$

体积校准值 $\Delta V = 250.04 - 250.00 = +0.04 \, (\text{mL})$

该容量瓶在 20℃ 时的校准值为 +0.04mL。

3）移液管的校准

将移液管洗净至内壁不挂水珠，取具塞锥形瓶，擦干外壁、瓶口及瓶塞，称量。按移液管使用方法量取已测温的纯水，放入已称重的锥形瓶中，在分析天平上称量盛水的锥形瓶，计算在该温度下的真实体积。

[例3-3]24℃时，称得25mL移液管中至刻度线时放出水的质量为24.902g，计算该移液管在20℃时的真实体积及校准值各是多少？

解：查表3-6得，24℃时 $\rho_{24} = 0.99638 \mathrm{g/mL}$

$$V_{20} = \frac{24.902}{0.99638} = 24.99 (\mathrm{mL})$$

该移液管在20℃时的真实体积为24.99mL。

体积校准值 $\Delta V = 24.99 - 25.00 = -0.01 (\mathrm{mL})$

该移液管在20℃时的校准值为-0.01mL。

三、溶液体积的校准

滴定分析仪器都是以20℃为标准温度来标定和校准的，但是使用时则温度往往不是在20℃，温度变化会引起仪器容积和溶液体积的改变。如果在某一温度下配制溶液，并在同一温度下使用，就不必校准，因为这时所引起的误差在计算时可以抵消，如果在不同的温度下使用，则需要校准。当温度变化不大时，玻璃仪器容积变化的数值很小，可忽略不计，但溶液体积的变化则不能忽略。溶液体积的改变是由于溶液密度的改变所致，稀溶液密度的变化和水相近。附录七列出了在不同温度下1000mL水或稀溶液换算到20℃时，其体积的增减值。

[例3-4]在10℃时，滴定用去0.1mol/L标准滴定溶液26.00mL，计算在20℃时该溶液的体积应为多少？

解：查附录七得，10℃时1L浓度0.1mol/L溶液的补正值为+1.5mL，则在20℃时该溶液的体积为：

$$26.00 + \frac{1.5}{1000} \times 26.00 = 26.04 (\mathrm{mL})$$

第四章　重　量　分　析

重量分析的主要方法是沉淀法。这种方法是将被测组分形成难溶化合物沉淀，经过滤、洗涤、烘干及灼烧(有些难溶化合物不需灼烧)，最后称量，由所得沉淀质量计算被测组分含量，这种方法叫重量分析法。

第一节　重量分析仪器

重量分析常采用滤纸，长颈漏斗和微孔玻璃坩埚进行过滤；烘干、灼烧沉淀使用瓷坩埚、坩埚钳、干燥器、电热干燥箱、高温电炉、马弗炉等。

一、滤纸

滤纸分定性滤纸和定量滤纸。定性滤纸灼烧后有相当的灰分，不适用于定量分析，定量滤纸主要用于沉淀称量法中过滤沉淀用，所得沉淀需经灼烧再进行称量和计算。因此定量滤纸是用稀盐酸和氢氟酸处理过的，其中大部分无机物杂质都已被除去，每张滤纸灼烧后的灰分质量常小于 0.1mg(约为 0.02~0.07mg)，因为灰分极少，所以又称无灰滤纸。这样，在称沉淀时，滤纸灰分的质量可忽略不计。

国产定量滤纸按孔隙大小分为快速、中速和慢速三种类型。在滤纸盒面上都分别注明，并绕有白带、蓝带和红带作标志。按直径大小分为 7cm、9cm、11cm、12.5cm 等圆形滤纸。将定量滤纸的各种类型，孔隙大小及用途列于表 4-1。

表 4-1　定量滤纸的各种类型，孔隙大小及用途

滤纸类型	快　速	中　速	慢　速
包装色带标志	白带	蓝带	红带
灰分	0.02mg/张	0.02mg/张	0.02mg/张
滤速/[s/(100mL)]	60~100	100~160	160~240
应用实例	过滤无定形沉淀，如：$Fe(OH)_3$等	过滤粗晶形沉淀，如：$MgNH_4PO_4$、CaC_2O_4等	过滤细晶形沉淀，如：$BaSO_4$等

滤纸的大小和类型的选择取决于沉淀量的多少、沉淀颗粒的大小和沉淀的性质。一般要求沉淀的量不超过滤纸圆锥体高度的一半，否则不好洗涤。例如，无定形的胶状沉淀(如氢氧化铁)体积庞大，应选用质松孔疏、直径较大(11cm)的快速滤纸。结晶形沉淀(如硫酸钡)则选用致密孔细，直径较小(7~9cm)的慢速滤纸为佳。

二、长颈漏斗

定量分析中使用的普通漏斗是长颈漏斗，长颈漏斗锥体角度为 60°，颈的直径通常为 3~5mm(若太粗则不易保留水柱)，颈长为 15~20cm，出口处磨成 45°，如图 4-1 所示。

三、微孔玻璃坩埚及吸滤瓶

微孔玻璃坩埚又称砂芯坩埚，如图 4-2(a)所示，它的过滤层(滤板)是用玻璃砂在

600℃左右烧结成的多孔滤片。根据孔径大小分成六种规格，号码愈大，孔径愈小（见表4-2）。根据沉淀颗粒大小可适当选用。

另有一种漏斗的砂芯过滤器，称砂芯漏斗，如图4-2(b)所示。在定量分析中，一般常用 $G_3 \sim G_5$ 几种型号的微孔玻璃坩埚。如用 $G_4 \sim G_5$（相当于慢速滤纸）过滤细晶形沉淀，用 G_3（相当于中速滤纸）过滤一般晶形沉淀。

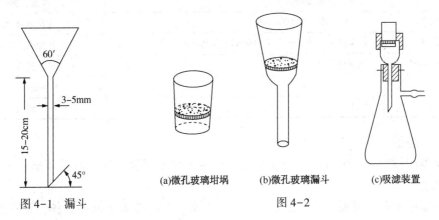

图 4-1 漏斗　　　　　(a)微孔玻璃坩埚　　(b)微孔玻璃漏斗　　(c)吸滤装置

图 4-2

对于一些不能和滤纸一起灼烧的沉淀（如 AgCl）以及不能在高温下灼烧只能在不太高的温度下烘干后即可称量的沉淀（如丁二酮肟镍沉淀），必须使用微孔玻璃坩埚进行过滤。

过滤前，玻璃坩埚可用稀盐酸或稀硝酸处理，再用水洗净，置于干燥箱中于烘干沉淀的温度下烘干，直至恒重（两次称量相差小于 0.2mg）以备使用。已烘干至恒重的玻璃坩埚和沉淀，不能用手直接接触，可用洁净的纸衬垫着（或带上白纱手套）拿取。放在表面皿上，于干燥器中冷却、恒重、称量。

表 4-2　微孔玻璃坩埚规格及用途

滤板编号	滤板平均孔径/mm	一　般　用　途
G_1	20~30	过滤粗颗粒沉淀
G_2	10~15	过滤较粗颗粒沉淀
G_3	4.5~9	过滤一般晶形沉淀
G_4	3~4	过滤细颗粒沉淀
G_5	1.5~2.5	过滤极细颗粒沉淀（微生物）
G_6	<1.5	滤除细菌（微生物）

用微孔玻璃坩埚和砂芯漏斗过滤时，采用减压过滤。过滤时和吸滤瓶配合使用，将微孔玻璃过滤器安置在具有橡皮垫圈或孔塞的抽滤瓶上，如图4-2(c)所示，用抽水泵抽气进行减压过滤，过滤应先开水泵，接上橡皮管，倒入滤液，过滤完毕，应先拔下橡皮管，再关水泵。或先取出过滤器，再关水泵，以免由于瓶内负压，造成倒吸。

砂芯滤片耐酸性强（氢氟酸除外），但强碱性溶液会腐蚀滤片，因此不能过滤碱性强的溶液，也不能用碱液清洗滤器。

滤器用过后先尽量倒出沉淀，再用适当的清洗剂清洗（见表4-3）切不可用去污粉洗涤，也不要用坚硬的物体擦滤片。

使用微孔玻璃坩埚的优点是过滤装置简单，分离沉淀和洗涤沉淀速度比用滤纸过滤要快得多。

表4-3　洗涤砂芯滤器的清洗剂

沉 淀 物	有 效 清 洗 液	用 法
新滤器	热盐酸，铬酸洗液	浸泡、抽洗
氯化银	(1+1)氨水，10%NaS$_2$O$_3$	先浸泡再抽洗
硫酸钡	浓 H$_2$SO$_4$，或 3% EDTA 500mL+水 100mL 混合	浸泡蒸煮抽洗
有机物	热铬酸洗涤	抽洗
脂 肪	CCl$_4$	浸泡、抽洗
丁二酮肪镍	HCl	浸泡

四、干燥器

干燥器(见图4-3)带有磨口的玻璃盖子，为了使干燥器密闭，在盖子磨口处均匀地涂上一层凡士林。

干燥器中带孔的圆板将干燥器分为上、下二室，上室放被干燥的物体，下室装干燥剂。干燥剂不宜过多，约占下室的一半即可，否则可能沾污被干燥的物体，影响分析结果。

因各种不同的干燥剂具有不同的蒸气压，常根据被干燥物的要求加以选择。最常用的干燥剂有硅胶、CaO、无水 CaCl$_2$、Mg(ClO$_4$)$_2$、浓 H$_2$SO$_4$ 等。硅胶是硅酸凝胶(组成可用通式 xSiO$_2 \cdot y$H$_2$O 表示)，烘干除去大部分水后，得到白色多孔的固体，具有高度的吸附能力。为了便于观察，将硅胶放在钴盐溶液中浸泡使之呈粉红色，烘干后变为蓝色。蓝色硅胶具有吸湿能力，当硅胶变为粉红色时，表示已经失效，应重新烘干至蓝色。

干燥器使用注意事项：启盖时，左手扶住干燥器，右手握住盖上的圆球，向前推开器盖，不可向上提起见图4-4(a)。搬动干燥器时必须按图4-4(b)的方法，防止盖子跌落打碎。

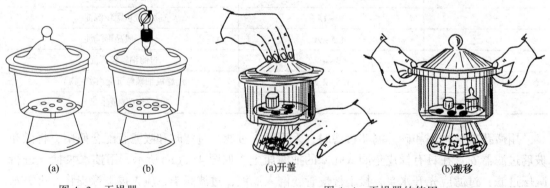

(a)　　　(b)　　　(a)开盖　　　(b)搬移

图 4-3　干燥器　　　　　图 4-4　干燥器的使用

经高温灼烧后的坩埚，必须放在干燥器中冷却至与天平室温度一致才能称量。若直接放在空气中冷却，则会吸收空气中的水汽而影响称量结果。当高温坩埚放入干燥器后，不能立即盖紧盖子，一方面因为干燥器中的空气因高温而剧烈膨胀，推动干燥器盖，有时甚至会将器盖推落打碎；另一方面，当干燥器中的空气从高温降至室温后，压力大大降低，器盖很难打开。即使打开了，也会由于空气流的冲入将坩埚中的被测物冲散使分析失败。

因此，正确的操作是，当坩埚放入干燥器后，先盖上盖子，再慢慢地推开盖子，放出热空气。这样重复数次，直到听不到"嘣""嘣"的声音后，把盖子盖紧并移至天平室内，冷却到室温。

五、瓷坩埚与坩埚钳

坩埚是用来高温灼烧的器皿，称量分析常用 30mL 的瓷坩埚灼烧沉淀。为了便于识别，将经过检查完好无损的坩埚进行编号，可用钴盐（如 CoCl）或铁盐（$FeCl_3$）的溶液，在坩埚上编写号码，烘干灼烧后即留下永不褪色的字迹。

用滤纸过滤的沉淀，需在瓷坩埚中灼烧至恒重。因此要准备好已知质量的空坩埚，将坩埚洗净烘干，用 $FeCl_3$ 在坩埚和盖上编号，晾干后，将坩埚放入马弗炉中，在预定温度中（800~1000℃）灼烧。第一次灼烧约 30min，取出稍冷后，再转入干燥器中冷至室温称量。第二次再灼烧 15~20min，稍冷后，再转入干燥器中，冷至室温再称量。前后两次称量之差小于 0.2mg，即认为达到恒重。

坩埚钳的使用。坩埚钳用铁或铜合金制作，表面镀镍或铬，用来夹持热的坩埚和坩埚盖，坩埚洗净后，坩埚的灼烧，称量过程中均不能用手直接拿取，应使用坩埚钳。坩埚钳使用前，要检查钳尖是否洁净，如有沾污必须处理（用细砂纸磨光）后才能使用。用坩埚钳夹取灼热坩埚时，必须预热。使用坩埚钳的过程中，坩埚钳平放在台上，钳尖应朝上，以免沾污。

六、电热干燥箱

对于不能和滤纸一起灼烧的沉淀，以及不能在高温下灼烧，只需在不太高的温度烘干后即可称量的沉淀，可用已恒重的微孔玻璃坩埚过滤后，置于电热干燥箱中在一定温度下烘干。

实验室中常用的电热鼓风干燥箱可控温 50~300℃，在此范围内可任意选定温度，并用箱内的自动控制系统使温度恒定。

使用电热干燥箱应注意以下事项：

（1）为保证安全操作，通电前必须检查是否有断路、短路，箱体接地是否良好。

（2）在箱顶排气阀上孔插入温度计，旋开排气阀，接上电源。

（3）接通电源后即可开启选温开关，再将调节器控温旋钮顺时针方向旋至最高点，此时箱内开始升温，指示灯亮（绿）。

（4）当温度升到所需温度时，即将指示灯变为红色。

（5）升温时即可开启鼓风机，鼓风机可连续使用。

（6）易燃易爆、易挥发以及有腐蚀性或有毒的物品禁止放入干燥箱内。

（7）当停止使用时，应切断外电源以保证安全。

七、高温电炉

高温电炉也叫马弗炉，常用于金属熔融，有机物的灰化、炭化。称量分析中用来灼烧坩埚和沉淀以及熔融某些试样，其温度可达 1100~1200℃。

常用的高温电炉体是由角钢、薄钢板构成，炉膛是由碳化硅制成的长方体。电热丝盘绕于炉膛外壁，炉膛与炉壳之间是由保温砖等绝热材料砌成。

高温电炉应与温度控制器及镍铬或镍铝热电偶配合使用，通过温度控制器可以指示、调节自动控制温度。

实验室中常用的温度控制测温范围在 0~1100℃ 之间。不同沉淀所需灼烧的温度及时间可参考表 4-4。

表 4-4　沉淀灼烧要求的温度和时间

灼烧前的物质	灼烧后的物质	灼烧温度/℃	灼烧时间/min
$BaSO_4$	$BaSO_4$	800~900	10~20
CaC_2O_4	CaO	600	灼烧至恒重
$Fe(OH)_3$	Fe_2O_3	800~1000	10~15
$MgNH_4PO_4$	$Mg_2P_2O_7$	1000~1100	20~25
$SiO_2 \cdot xH_2O$	SiO_2	1000~1200	20~30

使用高温电炉应注意以下事项

（1）为保证安全操作，通电前应检查导线及接头是否良好，电炉与控制器接地必须可靠。

（2）检查炉膛是否洁净和有无破损。

（3）欲进行灼烧的物质(包括金属及矿物)必须置于完好的坩埚或瓷皿内，用长坩埚钳送入(或取出)，应尽量放在炉膛中间位置，切勿触及热电偶，以免将其折断。

（4）含有酸性、硫性挥发物质或为强烈氧化剂的化学药品应预先处理(用煤气灯或电炉预先灼烧)，待其中挥发物逸尽后，才能置入炉内加热。

（5）旋转温度控制的旋钮使指针指向所需温度，温度控制器的开关指向关。

（6）快速合上电闸，检查配电盘上指示灯是否已亮。

（7）打开温度控制器的开关，温度控制器的红灯即亮，表示高温电炉处在升温状态。当温度升到预定温度时，红灯、绿灯交替变换，表示电炉处于恒温状态。

（8）在加热过程中，切勿打开炉门；电炉使用中切勿超过最高温度，以免烧毁电热丝。

（9）灼烧完毕，切断电源，不能立即打开炉门。待温度降低后才能打开炉门，取出灼烧物品，冷至 60℃，放入干燥器内冷至室温。

（10）长期搁置未使用的高温电炉，在使用前必须进行一次烘干处理，烘炉时间：从室温升至 200℃用 4h；400~600℃用 4h。

第二节　重量分析基本操作

重量分析基本操作包括试样的溶解、沉淀、过滤和洗涤，烘干和灼烧、称量等。

一、试样的溶解

先准备好洁净的烧杯、合适的玻璃棒和表面皿(大小应大于烧杯口)，然后称入试样，用表面皿盖好烧杯。根据试样的性质用水，酸或其他溶剂溶解。溶解时，若无气体产生，将玻璃棒下端紧靠杯壁，沿玻璃棒将溶液加入烧杯中，边加边搅拌，直至试样完全溶解。然后盖上表面皿，如果试样溶解时有气体产生(如碳酸盐加盐酸)，则应先在试样中加入少量水，使之润湿，盖好表面皿，由烧杯嘴与表面皿的间隙处滴加溶剂，轻轻摇动。试样溶解后，用洗瓶吹洗表面皿的凸面，流下来的水应沿杯壁流入烧杯，并吹洗烧杯壁。

若需加热促使试样溶解，应盖好表面皿，注意温度不要太高，以免爆沸使溶液溅出。另外，若试样溶解后必须加热蒸发，可在烧杯口放上玻璃三角，再放表面皿。

二、沉淀

应根据沉淀的性质采取不同的操作方法。

1. 晶形沉淀

加沉淀剂时，左手拿滴管加沉淀剂溶液，滴管口要接近液面，以免溶液溅出。滴加速度要慢，与此同时，右手持玻璃棒充分搅拌。但注意勿使玻璃棒碰烧杯壁或烧杯底。如果需在热溶液中沉淀，可在水浴或电热板上进行。沉淀剂加完后，应检查沉淀是否完全，检查方法是：将溶液静置，待沉淀下沉后，在上层清液中，再加 1~2 滴沉淀剂，如果上层清液中不出现浑浊，表示已沉淀完全；如果有浑浊出现，表示沉淀尚未完全，需继续滴加沉淀剂，直到沉淀完全为止。然后盖上表面皿，放置过夜（或在水浴上加热 1h 左右），使沉淀陈化。

2. 非晶形沉淀

沉淀时应当在较浓的溶液中，加入较浓的沉淀剂，在充分搅拌下，较快地加入沉淀剂进行沉淀。沉淀完全后，立即用热的蒸馏水稀释以减少杂质的吸附，不必陈化，待沉淀下沉后即进行过滤和洗涤，必要时进行再沉淀。

三、过滤和洗涤

过滤是使沉淀从溶液中分离出来的一种方法。对于需要灼烧的沉淀，要用定量滤纸在玻璃漏斗中过滤，对于过滤后只要烘干即可称量的沉淀，可采用微孔玻璃坩埚进行减压过滤。

洗涤沉淀的目的是除去混杂在沉淀中的母液和吸附在沉淀表面上的杂质。

1. 洗涤液的选择

洗涤沉淀用的洗涤液，应符合下列条件：①易溶解杂质，但不溶解沉淀；②对沉淀无胶溶作用或水解作用；③烘干或灼烧沉淀时，易挥发除去；④不影响滤液的测定。晶形沉淀，可用含共同离子的挥发性物质，如冷的可挥发的稀沉淀剂洗涤，以减少沉淀溶解的损失。当沉淀溶解度很小时，也可用水或其他合适的溶液洗涤沉淀。

无定形沉淀，用含少量电解质的热溶液作洗涤液以防止胶溶作用。电解质应是易挥发或加热灼烧易分解除去的物质，大多采用易挥发的铵盐。

对于溶解度较大，易水解的沉淀，采用有机溶剂加沉淀剂作洗涤液洗涤沉淀，例如洗涤氟硅酸钾（K_2SiF_6）沉淀时，选用含 5%氯化钾的乙醇（95%）溶液作洗涤液，可以防止沉淀水解并降低沉淀的溶解度。

2. 洗涤技术

为了提高洗涤效率，应掌握洗涤方法的要领，先用"倾泻法"将上层清液倾入漏斗中过滤，然后采用"少量多次""洗后尽量沥干"的原则进行沉淀洗涤。即将清液先倾入漏斗中，在沉淀中加入少量洗涤液，充分搅拌，待沉淀沉降后，再将上层清液倾入漏斗中过滤。如此反复多次，每次使用少量洗涤液，洗后尽量沥干，再倒入新的洗涤液，过滤和洗涤操作必须不间断地连续进行，直到把沉淀中的杂质洗净。最后一次加洗涤液时，搅拌后混同沉淀一起转移到滤纸上。

沉淀是否洗净，可用定性方法检验洗出液中是否含有某种代表性的离子，例如，用 $BaCl_2$ 溶液沉淀 SO_4^{2-} 离子时，洗涤 $BaSO_4$ 沉淀直至洗出液中不含 Cl^- 离子为止。可用一干净表面皿接 1~2 滴滤液，酸化后，用 $AgNO_3$ 溶液检查，若无 AgCl 白色浑浊物出现，说明沉淀已洗净，否则还需再洗。

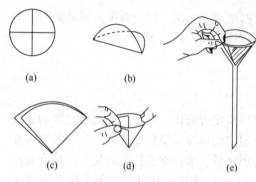

(a)　　　　　(b)

(c)　　　　　(d)　　　　　(e)

图 4-5　滤纸的折叠和放置

3. 过滤洗涤操作

1）折叠和安放滤纸

根据沉淀的性质选好滤纸和漏斗，并按照漏斗规格折叠滤纸。折叠滤纸一般采用四折法如图 4-5（a）所示。折叠时，应先将手洗净、擦干，以免弄脏弄湿滤纸，然后将滤纸对折并按紧一半，如图 4-5（b）所示，再对折，但不要按紧，把滤纸圆锥体放入干燥漏斗中，滤纸的大小应低于漏斗边缘 1cm 左右，若高出漏斗边缘，可剪去一圈。观察折好的滤纸是否能与漏斗内壁紧密贴合，若不贴合，对折时把两角对齐向外错开一点，改变滤纸折叠角度，打开后使顶角成稍大于 60° 的圆锥体。直至与漏斗能紧密贴合时，把第二次的折边折紧。取出滤纸圆锥体，所得圆锥体半边为三层，另半边为一层。将半边为三层的滤纸外层折角撕下一小角，如图 4-5（c）所示，这样可以使内层滤纸能紧密贴在漏斗壁上。

撕下来的滤纸角应保存在干净的表面皿上，以备擦拭烧杯或玻璃棒上残留的沉淀之用。

2）作水柱

把正确折叠好的滤纸展开成圆锥体，如图 4-5（d）所示，放入漏斗，三层的一面在漏斗颈的斜口长侧，用食指按紧三层的一边，然后用洗瓶吹入少量水润湿滤纸，轻压滤纸，赶走气泡，使其紧贴于漏斗壁上，如图 4-5（e）所示。再加水至漏斗边缘，让水流出，此时漏斗颈内应全部充满水，且无气泡，即形成水柱。若不能形成水柱，可用左手拇指堵住颈下口，拿住漏斗颈，右手食指轻轻掀起滤纸的一边，用洗瓶向滤纸和漏斗的空隙处加水，使漏斗颈及滤纸内外充满水，用食指将滤纸按紧，放开堵住出口的拇指，此时应形成水柱。若仍无水柱形成，可能滤纸折叠角度不合适；漏斗未洗干净或漏斗颈太大，应洗净漏斗，重新折叠滤纸。

由于水柱的重力可起抽滤作用，从而加快过滤速度。

3）倾泻法过滤和初步洗涤

把作好水柱的漏斗放在漏斗架上，用一个洁净的烧杯承接滤液，漏斗颈出口斜边长的一侧贴于烧杯壁。漏斗位置的高低，以过滤过程中漏斗颈的出口不接触滤液为准。

一手拿起烧杯置于漏斗上方，一手轻轻从烧杯中取出玻璃棒，勿使沉淀搅起，将玻璃棒下端轻碰一下烧杯壁使悬挂的液滴流回烧杯中。玻璃棒直立，下端接近三层滤纸的一边，但不要触及滤纸。将烧杯嘴与玻璃棒贴紧，慢慢倾斜烧杯（勿使沉淀搅动）让清液沿玻璃棒倾入漏斗，如图 4-6 所示，漏斗中的液面不要超过滤纸高度的三分之二。暂停倾注时，应沿玻璃棒将烧杯嘴向上提，将烧杯直立，使残留在烧杯嘴的液体流回烧杯中，并将玻璃棒放回烧杯中（但不能靠在烧杯嘴处，以免沾有沉淀造成损失）。小心勿使玻璃上沾附的液滴洒在外。

如此重复直至将上层清液接近倾完为止。当烧杯内的液体较少而不便倾出时，可以将玻璃棒稍向上倾斜使烧杯倾斜角度更大些。

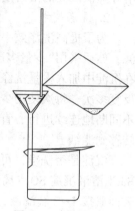

图 4-6　倾斜法过滤

当上层清液倾注完了以后，作初步洗涤，洗涤时，常采用洗瓶，每次挤出 10mL 左右洗涤液沿烧杯壁冲洗杯四周，充分搅拌后把烧杯放置在桌上，等沉淀下沉后，按上法倾注过滤。如此洗涤沉淀数次，洗涤的次数视沉淀的性质而定，一般晶形沉淀洗 3~4 次，无定形沉淀洗 5~6 次。每次应尽可能把洗涤液倾尽沥干再加第二份洗涤液，随时查看滤液是否透明不含沉淀颗粒，否则应重新过滤或重做实验。

4）转移沉淀

沉淀用倾泻法洗涤几次后，可将沉淀定量地转移至滤纸上。转移沉淀时，在沉淀上加入 10~15mL 洗涤液，搅起沉淀，小心使悬浊液顺着玻璃棒倾入漏斗中（注意：如果失落一滴悬浊液，整个分析失败）。这样重复 3~4 次，即可将沉淀转移到滤纸上，烧杯中留下的极少量沉淀按下述方法转移。将玻璃棒横放在烧杯口上，玻璃棒下端比烧杯口长出 2~3cm，左手食指按住玻璃棒，大姆指在前，其余手指在后，拿起烧杯，放在漏斗上方，倾斜烧杯使玻璃棒仍指向三层滤纸的一边，用洗瓶或胶头滴管冲洗烧杯壁上附着的沉淀使之全部转移至漏斗中，如图 4-7 所示。粘附在烧杯壁上的沉淀可用洗瓶吹洗烧杯壁洗出，洗液倒入漏斗中，最后用撕下来保存好的滤纸角先擦净玻璃棒上的沉淀再放入烧杯中，用玻璃棒压住滤纸擦

图 4-7　转移沉淀操作

拭。擦拭后的滤纸角，用玻璃棒拨入漏斗中用洗涤液再次冲洗烧杯将残存的沉淀全部转入漏斗中。仔细检查烧杯内壁、玻璃棒、表面皿是否干净，直至沉淀转移完全为止。

5）洗涤沉淀

图 4-8　在滤纸上洗涤

沉淀全部转移后，继续用洗涤液洗涤沉淀及滤纸，以除去沉淀表面吸附的杂质和残留的母液，用洗瓶或胶头滴管。从滤纸边缘稍下一些的地方螺旋向下冲洗沉淀，至洗涤液充满滤纸锥体的一半（如图 4-8 所示）。等每次洗涤液流尽后再进行第三次洗涤。三层滤纸的一边不易洗净，应注意多冲几次（沉淀应冲洗到滤纸底部，便于滤纸的折卷）。洗涤几次后，检查沉淀是否洗净，直至沉淀洗净为止。

6）沉淀的包裹

从漏斗中取出洗净的沉淀和滤纸，按一定的操作方法进行包裹。

对于晶形沉淀，用下端细而圆的玻璃棒从滤纸的三层处小心将滤纸从漏斗壁上拨开，用洗净的手把沉淀的滤纸拿出，按图 4-9 的程序折卷成小包，将沉淀包裹在里面。其步骤如下：①滤纸对折成半圆形；②自右端约 1/3 半径处向左折起；③由上边向下折，再自右向左折；④折成的滤纸包，放入已恒重的瓷坩埚中。

若是无定形沉淀因沉淀体积较大，可用玻璃棒把滤纸的边缘挑起，向中间折叠，将沉淀全部盖住如图 4-10 所示。然后小心取出放入已恒重的坩埚中，仍使三层滤纸部分向上，以便滤纸的炭化，不需要灼烧，只要烘干后即可称量的沉淀，用微孔玻璃坩埚过滤。

将已洗净、烘干至恒重的微孔玻璃坩埚，装在抽滤瓶的橡皮圈中，接橡皮管于抽水泵上，打开水泵，在抽滤下，用倾泻法过滤洗涤，其操作与用滤纸过滤相同，操作完毕，先摘下橡皮管，后关抽水泵，防止倒吸。

图 4-9　晶形沉淀的包裹

图 4-10　无定形沉淀的包裹

四、烘干和灼烧

沉淀的烘干和灼烧是获得沉淀称量式的重要操作步骤。通常在 250℃ 以下的热处理叫烘干，250℃ 以上至 1200℃ 的热处理叫灼烧。

烘干的目的是除去沉淀中的水分，以免在灼烧沉淀时因冷热不均而使坩埚破裂。将过滤所得的沉淀连同滤纸放在已恒重的瓷坩埚内进行烘干和灼烧。如用微孔玻璃坩埚过滤沉淀，只需按指定温度在恒温干燥箱中干燥即可。

灼烧的目的是烧去滤纸，除去沉淀沾有的洗涤液，将沉淀变成符合要求的称量式。应当注意，有的沉淀在滤纸燃烧时，由于空气不足发生部分还原，可在灼烧前用几滴浓硝酸或硝酸铵饱和溶液润湿滤纸，以帮助滤纸在灰化时迅速氧化。

灼烧的温度和时间，随沉淀的性质而定（见表 4-4），但最后都应灼烧至恒重，即连续两次灼烧后质量之差不超过 0.2mg。灼烧好的沉淀连同容器，应该稍冷后放入干燥器中冷至室温，再进行称量。

1. 烘干

在马弗炉中灼烧沉淀前，一般先在电炉上将滤纸和沉淀烘干。为此，带有沉淀的坩埚直立放在电炉上，坩埚盖半掩于坩埚上，使沉淀和滤纸慢慢干燥，在干燥过程中，温度不能太高，干燥不能急，否则瓷坩埚与水滴接触易炸裂。

2. 炭化和灰化

滤纸和沉淀干燥后，继续加热，使滤纸炭化。但应防止滤纸着火燃烧，以免沉淀微粒飞失。如果滤纸着火，立即将坩埚盖盖好，让火焰自行熄灭，绝不许用嘴吹灭。

滤纸炭化后，逐渐增高温度，用坩埚钳不断转动坩埚，使滤纸灰化，将碳素燃烧成二氧化碳而除去的过程称灰化。滤纸若灰化完全，应不再呈黑色。

3. 灼烧与恒重

将灰化好带有沉淀的坩埚移入马弗炉中灼烧，将坩埚直立，先放在打开炉门的炉膛口预热后，再送至炉膛中盖上坩埚盖，但要错开一点。在要求的温度下灼烧一定时间，直至恒重，通常在马弗炉中灼烧沉淀时，第一次灼烧时间为 30min 左右，第二次灼烧 15~20min 左右，带沉淀的坩埚，连续两次称量结果相差在 0.2mg 以内才算达到恒重。

用微孔玻璃坩埚过滤沉淀，只需放在干燥箱中烘干，一般应将它放在表面皿上，然后放入干燥箱中，根据沉淀性质确定烘干温度（均在 200℃ 以内）和烘干时间，第一次烘干时间要长些，第二次烘干时间要短些，反复烘干，直至恒重。

五、冷却称量

将灼烧好的坩埚移到石棉板上，冷却到红热消退，不感到烤手时，再把它放入干燥器中，送至天平室，冷却 15~20min，与天平室温度相同时，取出称量。在干燥器中冷却的初期，应推动干燥器盖打开几次调节气压，以防干燥器内气温开高而冲开干燥器盖，也防止坩埚冷却后，器内压力降低致使推动干燥器盖困难，以致打不开盖。继续灼烧一定时间，冷却后再称量，直至恒重为止，放干燥器内冷却的条件与时间应尽量一致，这样才容易达到恒重。

称量微孔玻璃坩埚的方法与上相同。

分析实验部分

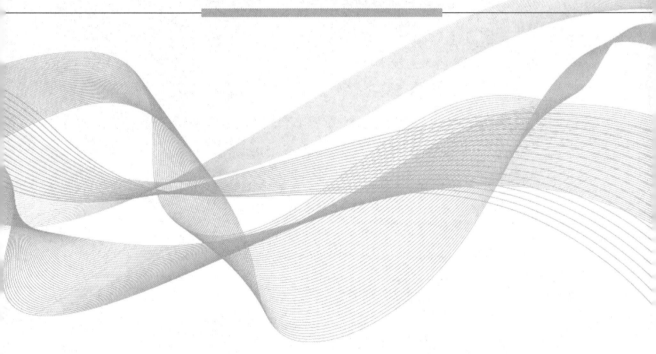

第五章　化学分析实验

实验一　分析天平的称量练习

一、实验目的
（1）了解电子分析天平的构造，熟悉电子分析天平的使用规则；
（2）掌握正确的称量方法，准确称出称量瓶的质量。

二、概述
电子分析天平的称量原理是利用电磁力平衡原理。其特点是称量准确可靠，全量程不需要砝码，显示快速清晰并且具有自动检测系统、简便的自动校对装置以及超载保护等装置。电子分析天平是采用高稳定性传感器和单片微机组成的智能天平，适于累计连续称量，现已是称量的常用天平。

三、仪器和试剂
（1）仪器：电子分析天平（精准至 0.1mg）、台秤、小灯泡、表面皿、称量瓶。
（2）试剂：铜片、碳酸钠。

四、实验步骤
（1）称量前先检查天平，检查天平是否水平，天平秤盘是否清洁，清扫秤盘；
（2）接通电源，按下"ON"键，天平显示自检，显示屏上出现"0.0000g"，如果空载时有读数，按一下清除键回零。
（3）称量：推开天平右侧门，将干燥的称量瓶轻轻地放在称量盘中心，关上天平门，待称量数据显示在显示窗内，稳定后记录数据，记为 m_1。然后推开天平门取出称量瓶，放在容器的上方，将称量瓶倾斜，用称量瓶盖轻敲瓶口上部，使试样慢慢落入容器中。观察显示窗，当倾出的试样已接近所需要的质量时，慢慢地将瓶竖起，再用称量瓶盖轻敲瓶口上部，使粘在瓶口的试样落在容器中，然后盖好瓶盖（上述操作都应在容器上方进行，防止试样丢失），将称量瓶再放回天平盘，称得质量，记为 m_2。如此继续进行，可称取多份试样……，第一份试样质量 $=m_1-m_2(\mathrm{g})$，第二份样质量 $=m_2-m_3(\mathrm{g})$……
（4）称量完毕，取下被称物，检查显示屏上出现"0.0000g"；
（5）按下"OFF"键，关机，显示屏黑屏，盖好防尘罩。

五、称量方法
1. 直接称量法
按分析天平称量一般程序操作。
（1）首先在托盘天平上预称表面皿的质量，加上铜片后再称取一次（准确至 0.1g）。
（2）调好零点后，将表面皿与铜片一起放在分析天平上准确称出其质量，取下铜片后，准确称出表面皿质量，两次质量之差为铜片质量。

2. 递减称量法

（1）先将洗涤洁净的锥形瓶（或小烧杯）编上号。

（2）用纸带从干燥器中取出基准物称量瓶，放在托盘天平上预称其质量，然后用分析天平准确称量（准到 0.1mg）记下质量为 m_1。

（3）按递减称样法操作向锥形瓶中加入所需药品，并准确称出称量瓶和剩余试样的质量为 m_2，锥形瓶中试样质量为 (m_1-m_2)，以同样的方法连续称取三份试样。

（4）以同样方法连续称取不同量的试样三份，直至熟练掌握递减法操作。

3. 固定称量法

在实际工作中，有时要求准确称取某一指定质量的物质，如用直接法配制指定浓度的标准溶液时，常用此法称取物质的质量。

六、记录与数据处理

实验数据记录与处理，见表 5-1~表 5-7。

表 5-1 直接称量法

铜片编号	1	2
铜片+表面皿总质量/g		
表面皿质量/g		
铜片质量/g		

表 5-2 递减称量法[1g(0.8~1.2g)]

记录项目 \ 试样编号	1#	2#	3#	4#
m_1(称量瓶+试样质量)/g				
m_2(倾出试样后称量瓶+试样质量)/g				
m_1-m_2/g				

表 5-3 递减称量法[0.1g(0.08~0.12g)]

记录项目 \ 试样编号	1#	2#	3#	4#
m_1(称量瓶+试样质量)/g				
m_2(倾出试样后称量瓶+试样质量)/g				
m_1-m_2/g				

表 5-4 递减称量法[0.2g(0.18~0.22g)]

记录项目 \ 试样编号	1#	2#	3#	4#
m_1(称量瓶+试样质量)/g				
m_2(倾出试样后称量瓶+试样质量)/g				
m_1-m_2/g				

表 5-5 递减称量法[0.3g(0.28~0.32g)]

记录项目 \ 试样编号	1#	2#	3#	4#
m_1(称量瓶+试样质量)/g				
m_2(倾出试样后称量瓶+试样质量)/g				
m_1-m_2/g				

表 5-6 递减称量法[0.4g(0.38~0.42g)]

记录项目 \ 试样编号	1#	2#	3#	4#
m_1(称量瓶+试样质量)/g				
m_2(倾出试样后称量瓶+试样质量)/g				
m_1-m_2/g				

表 5-7 递减称量法[0.5g(0.48~0.52g)]

记录项目 \ 试样编号	1#	2#	3#	4#
m_1(称量瓶+试样质量)/g				
m_2(倾出试样后称量瓶+试样质量)/g				
m_1-m_2/g				

七、注意事项

(1)被称物的温度应与室温相同,不得称量过热或具有挥发性的试剂,尽量消除引起天平示值变动的因素,如空气流动、温度波动、容器潮湿、振动及操作过猛等。

(2)开、关天平的开启或关闭键,开、关侧门,放取被称物等操作,动作都要轻、缓,不可用力过猛。

(3)检查零点和记录数据时必须关闭两个侧门。

(4)使用过程中如发现天平异常,应及时报告指导老师,不得擅自修理。

(5)称量完毕,应随手关闭天平,物品应放回原位,并做好天平内外的清洁工作。

(6)在电子分析天平量程范围内称量,以免损坏天平。

八、思考题

1. 每次称量前与后,为什么都要测定零点?

2. 对电子分析天平来说,数据记录应准确到几位?为什么?

3. 在采用减量称量法称取样品的过程中,若称量瓶内的试样吸湿对称量会造成什么误差?若试样倾入锥形瓶后再吸湿,对称量是否有影响?

4. 电子分析天平的两个重要指标是什么?

实验二 滴定分析仪器基本操作

一、实验目的

(1)掌握滴定分析仪器的洗涤法。

（2）掌握滴定管、容量瓶及移液管的正确使用和操作。

二、仪器和试剂

（1）仪器：滴定管、容量瓶、移液管、锥形瓶、烧杯、量筒等玻璃仪器。

（2）试剂：合成洗涤剂、$K_2C_2O_7$（固体）、浓 H_2SO_4。

三、实验步骤

1. 滴定管的准备及使用

① 酸式滴定管：洗涤→涂油→试漏→润洗→装溶液（以水代替）→赶气泡→调"0.00"→滴定→读数。

② 碱式滴定管：洗涤→试漏→润洗→装溶液（以水代替）→赶气泡→调"0.00"→滴定→读数。

2. 容量瓶的使用（200mL 或 250mL 容量瓶）

洗涤→试漏→润洗→转移溶液（以水代替）→稀释→平摇→再稀释→调液面至标线→摇匀。

3. 移液管和吸量管的使用：

① 20mL 或 25mL 移液管：洗涤→润洗→吸液（用容量瓶中的水）→调刻线→放液（至锥形瓶中）。

② 5mL 或 10mL 吸量管：洗涤→润洗→吸液（用容量瓶中的水）→调刻线→放液（按不同刻度把溶液移入锥形瓶中）。

四、思考题

1. 滴定管是否洗涤干净应怎样检查？使用未洗净的滴定管对滴定有什么影响？

2. 滴定管中存在气泡对滴定有什么影响？应怎样赶走气泡？

3. 容量瓶可否烘干、加热？

4. 吸量管在吸取标准液前为什么需用该标准溶液润洗？承受溶液的容器（如锥形瓶）能否用该标准溶液润洗？为什么？

5. 使用移液管的操作要领是什么？为何要垂直流下液体？为何放完液体后要停一定时间？最后留于管尖的半滴液体应如何处理？为什么？

6. 吸量管和移液管有何区别？使用吸量管时应注意什么？

实验三　滴定终点练习

一、实验目的

1. 掌握滴定管的滴定操作技术。

2. 学会观察与判断滴定终点。

二、实验原理

两物质发生化学反应，当两物质的量相当时，即恰好按照化学剂量关系定量反应时，就到达了化学计量点。为了准确确定化学计量点，常在被测溶液中加入一种指示剂，它在化学计量点时发生颜色变化。这种滴定过程中指示剂颜色变化的转折点称"滴定终点"，简称"终点"。

一定浓度的氢氧化钠和盐酸溶液相互滴定到达终点时所消耗的体积比应是一定的，可用此来检验滴定操作技术及判断终点的能力。

甲基橙指示剂：它的变色 pH 值范围是 3.0(红)~4.4(黄)，pH 值在 4.0 附近为橙色。用盐酸溶液滴定氢氧化钠溶液时，终点颜色由黄到橙，而由氢氧化钠溶液滴定盐酸溶液，则由橙变黄。判断橙色，对于初学者有一定的难度，所以在做滴定终点练习之前应先练习判断终点。

练习方法是：在锥形瓶中加入约 10mL 水及 1 滴甲基橙指示剂，从无塞滴定管中放出 5.00mL 氢氧化钠溶液，观察其黄色，再从具塞滴定管中加盐酸溶液，观察其橙色，如此反复滴加氢氧化钠和盐酸溶液，直至能做到加半滴氢氧化钠溶液由橙变黄，而加半滴盐酸溶液由黄变橙为止，以达到能控制加入半滴溶液的程度。

三、仪器和试剂

(1)仪器：托盘天平、50mL 酸式和碱式滴定管各 1 支、250mL 锥形瓶 3 个、250mL 和 400mL 烧杯各 1 个、10mL 和 100mL 量筒各 1 个、500mL 试剂瓶 2 个等。

(2)试剂：NaOH(固体)，浓 HCl(12mol/L)，酚酞指示剂乙醇溶液 1g/L，甲基橙水溶液 1g/L。

四、实验内容

(1)配制 $c_{HCl}=0.1mol/L$ HCl 溶液，用 10mL 量筒量取_____ mL 浓 HCl 并倒入 500mL 容量瓶中，加蒸馏水稀释至刻度摇匀，备用。

(2)配制 $c_{NaOH}=0.1mol/L$ NaOH 溶液，在托盘天平上用表面皿，迅速称取固体 NaOH _____ g 放入小烧杯中，用少量蒸馏水迅速冲洗其表面，并用蒸馏水溶解，用玻璃棒搅拌，溶解后定量转移至 500mL 容量瓶中，加水稀释至刻度，摇匀、备用。

(3)滴定练习：将准备好的酸式滴定管洗净，旋塞涂好凡士林，验漏，以 $c_{HCl}=0.1mol/L$ 溶液润洗三次(每次 5~10mL)，再装入 HCl 溶液至"0.00"刻度以上，排出滴定管下端的气泡，调节液面至"0.00"mL 处。

将准备好的碱式滴定管洗净，验漏，用 $c_{NaOH}=0.1mol/L$ NaOH 润洗三次，再装入 NaOH 溶液至"0.00"刻度以上，排出气泡，调节液面至"0.00"mL 处。

① 从滴定管放出溶液：从滴定管准确放出 5.00mL $c_{HCl}=0.1mol/L$ HCl 溶液于 250mL 锥形瓶中，加入 10mL 蒸馏水，放出溶液时用左手控制酸式滴定管的旋塞，右手拿锥形瓶瓶颈，使滴定管下端伸入瓶口约 1cm 深。控制溶液滴落速度使其一滴紧跟一滴地流出。在使用酸式滴定管滴入溶液的整个过程中，左手不能离开旋塞任溶液自行流下。

② 滴定：在上述盛 HCl 溶液的锥形瓶中加入 2 滴酚酞指示剂。在锥形瓶下放一块白纸。从碱式滴定管中用 NaOH 溶液进行滴定。滴定时左手控制玻璃球上方的乳胶管，逐滴滴出 NaOH 溶液，右手拿住锥形瓶的瓶颈，一边滴，一边摇动锥形瓶，摇动时沿同一方向作圆周运动，不要前后晃荡，也不要使瓶碰滴定管下端。注意观察滴落点周围颜色的变化。

③ 滴定终点的判断：开始滴定时，滴落点周围无明显的颜色变化，滴定速度可稍加快些，到滴落点周围出现暂时性的颜色变化(浅粉红色)时，应一滴一滴地加入 NaOH 溶液，随着颜色消失渐慢，应更缓慢滴入溶液。到逼近终点时，颜色扩散到整个溶液，摇动 1~2 次才消失，此时应加一滴，摇几下。最后加入半滴溶液，并用蒸馏水冲洗瓶壁。一直滴到溶液由无色突然变为浅粉红色，并在半分钟内不消失即为终点，记下读数。

为了练习正确判断滴定终点，在锥形瓶中继续准确加入少量 HCl，使溶液颜色褪去，按上述方法再用 NaOH 溶液滴定至终点。如此反复多次，直至能比较熟练地判断滴定终点，且终点读数 NaOH 溶液的用量相差不超过 0.04mL 为止。

按上述方法在 250mL 锥形瓶中准确放入 5.00mL c_{NaOH} = 0.1mol/L NaOH 溶液，加入 2 滴甲基橙指示剂，用 c_{HCl} = 0.1mol/L HCl 溶液滴定至溶液由黄色变成橙色为止。反复练习。

实验四　NaOH 溶液和 HCl 溶液体积比的测定

一、实验目的
（1）进一步掌握滴定管的操作技术；
（2）掌握移液的操作方法；
（3）进一步学会观察与判断滴定终点。

二、实验原理
主要树立"量"的概念，验证溶液的配比及不同指示剂的变色范围。

三、仪器和试剂
仪器：50mL 酸式和碱式滴定管各 1 支、250mL 锥形瓶 3 个、250mL 和 400mL 烧杯各 1 个、10mL 和 100mL 量筒各 1 个、20mL 移液管 1 个、吸耳球 1 个。

试剂：NaOH（固体）、浓 HCl（12mol/L）、酚酞指示剂乙醇溶液 1g/L、甲基橙水溶液 1g/L。

四、实验内容
（1）甲基橙作指示剂。准确吸取 20.00mL c_{NaOH} = 0.1mol/L NaOH 溶液于锥形瓶中，加入 1 滴甲基橙指示剂，用 c_{HCl} = 0.1mol/L 的 HCl 溶液滴至终点。由黄色变至橙色，记录所消耗的 HCl 溶液的体积，平行测定三次，要求三次测定结果的相对平均偏差在 0.2% 以内。

（2）酚酞作指示剂。准确吸取 20.00mL c_{HCl} = 0.1mol/L HCl 溶液于锥形瓶中，加入 2~3 滴酚酞指示剂，用 c_{NaOH} = 0.1mol/L 的 NaOH 溶液滴至终点。由无色变至浅粉色，30s 不褪色，记录所消耗的 NaOH 溶液的体积，平行测定三次，要求三次测定结果的相对平均偏差在 0.2% 以内。

五、实验数据记录与处理
实验数据记录与处理见表 5-8、表 5-9。

表 5-8　酚酞作指示剂实验数据记录

测定次数 记录项目	1	2	3
V_{HCl}/mL	20.00	20.00	20.00
V_{NaOH}/mL			
V_{HCl}/V_{NaOH}			
V_{HCl}/V_{NaOH} 平均值			
绝对偏差 d_i			
绝对平均偏差 $\bar{d_i}$			
相对平均偏差 R_d/%			

表 5-9　甲基橙作指示剂实验数据记录

测定次数 记录项目	1	2	3
V_{NaOH}/mL	20.00	20.00	20.00
V_{HCl}/mL			
V_{NaOH}/V_{HCl}			
V_{NaOH}/V_{HCl}平均值			
绝对偏差 d_i			
绝对平均偏差 $\overline{d_i}$			
相对平均偏差 R_d/%			

六、思考题

1. 滴定管在装入标准溶液前为什么要用此溶液润洗内壁 2~3 次？用于滴定的锥形瓶或烧杯是否需要干燥？要不要用标准溶液润洗？为什么？

2. 每次从滴定管放出溶液或开始滴定时，为什么要从"0"刻度开始？

3. 如何控制滴定终点和判断滴定终点？

4. 在 HCl 溶液和 NaOH 溶液浓度比较滴定中，以甲基橙和酚酞作指示剂，所得的溶液体积比是否一致？为什么？

实验五　盐酸标准溶液的制备

一、实验目的
(1) 掌握 HCl 标准溶液的配制和标定方法。
(2) 学会标准溶液浓度的计算方法。
(3) 熟练掌握称量和滴定操作。

二、实验原理
市售浓盐酸 $c_{HCl} \approx 12mol/L$，易挥发。配制标准滴定溶液时，应量取一定量浓 HCl，用水稀释至所需近似浓度，再用基准物质标定。

标定盐酸溶液常用的基准物质是无水碳酸钠，标定反应为：
$$2HCl+Na_2CO_3 = 2NaCl+CO_2\uparrow+H_2O$$
可用溴甲酚绿–甲基红混合指示剂或甲基橙。

三、仪器和试剂
1. 仪器：电子分析天平 1 台(精准至 0.1mg)、酸式滴定管 1 支、锥形瓶 3 个、移液管 1 个、吸耳球 1 个。
2. 试剂：浓盐酸(相对密度 1.19)、1g/L 甲基橙、基准物质：无水碳酸钠(提前烘干)。

四、实验步骤
1. $c_{HCl}=0.1mol/L$ 溶液的配制
用 10mL 洁净量筒量取浓 HCl(12mol/L) _____ mL，倒入 250mL 容量瓶中，加蒸馏水稀释至刻度，摇匀备用。

2. $c_{HCl} = 0.1mol/L$ HCl 溶液的标定

用甲基橙指示剂指示终点：用称量瓶按差减法准确称取基准物质无水 Na_2CO_3＿＿＿＿ g 于 300mL 烧杯中，加少量蒸馏水溶解，然后定量转移至 100mL 容量瓶中，稀释至刻度，摇匀备用。

吸取上述试液 20.00mL 于 250mL 锥形瓶中，加 1 滴甲基橙指标剂，用 HCl 溶液滴至溶液由黄色变为橙色即为终点，记下 HCl 溶液的体积，平行三次。

五、实验数据记录与处理

实验记录数据与处理于表 5-10 中。

表 5-10　用 Na_2CO_3 标定 HCl

测定次数　　　　记录项目	1	2	3
称量瓶+Na_2CO_3质量(倾样前)/g			
称量瓶+Na_2CO_3质量(倾样后)/g			
Na_2CO_3质量/g			
$V_{Na_2CO_3}$/mL	20.00	20.00	20.00
V_{HCl}/mL			
c_{HCl}/(mol/L)			
$\bar{c}_{HCl}$/(mol/L)			
绝对偏差 d_i			
绝对平均偏差 $\bar{d_i}$			
相对平均偏差 R_d/%			

$$c_{HCl} = \frac{m_{Na_2CO_3} \times \frac{20}{100} \times 1000}{V_{HCl} \times M_{\frac{1}{2}Na_2CO_3}}$$

式中　c_{HCl}——HCl 标准溶液的浓度，mol/L；

　　　V_{HCl}——滴定时消耗 HCl 标准溶液的体积，mL；

$m_{Na_2CO_3}$——Na_2CO_3基准物质量，g；

$M_{\frac{1}{2}Na_2CO_3}$——$\frac{1}{2}Na_2CO_3$基准物的摩尔质量，53g/mol。

六、思考题

1. 配制 HCl 标准溶液能否采用直接配制法？为什么？

2. 配制 HCl 标准溶液时，量取浓 HCl 的体积是怎样计算的？

3. 以 Na_2CO_3基准物标定 HCl 溶液，需称取 Na_2CO_3 的质量如何计算？若用稀释法标定，需称取 Na_2CO_3质量又如何计算？

4. 标定 HCl 溶液的基准物除 Na_2CO_3外，还可用什么基准物？

实验六　氢氧化钠标准溶液的制备

一、实验目的
（1）掌握 NaOH 标准溶液的配制和标定方法。
（2）学会计算 NaOH 标准溶液的浓度。
（3）熟练掌握称量及滴定操作。

二、实验原理
氢氧化钠溶液易吸收空气中二氧化碳和水蒸气，需用间接法配制标准滴定溶液。为防止碳酸盐存在影响分析结果，一般先配成饱和氢氧化钠溶液，这时 Na_2CO_3 几乎不溶解而沉降下来，可于静置后吸取上层清液加水稀释至所需浓度。

标定 NaOH 溶液常用的基准物是邻苯二甲酸氢钾（$KHC_8H_4O_4$），标定反应为：

$$\begin{array}{c}\text{—COOK}\\\text{—COOH}\end{array}+NaOH\longrightarrow\begin{array}{c}\text{—COOK}\\\text{—COONa}\end{array}+H_2O$$

用酚酞作指示剂。

三、仪器与试剂
（1）仪器：50mL 碱式滴定管、锥形瓶、滴定分析仪一套。
（2）试剂：NaOH（固体）、酚酞指示剂乙醇溶液 1g/L、基准物质为邻苯二甲酸氢钾（$KHC_8H_4O_4$）。

四、实验步骤
（1）$c_{NaOH}=0.1mol/L$ NaOH 溶液的配制，在托盘天平上用表面皿迅速称取＿＿＿ g NaOH 于小烧杯中，加少量蒸馏水洗去表面皿可能含有的 Na_2CO_3，再用蒸馏水溶解后，定量转移至 250mL 容量瓶中，加水稀释至刻度，摇匀备用。

（2）$c_{NaOH}=0.1mol/L$ NaOH 溶液的标定，准确称取基准物质 $KHC_8H_4O_4$＿＿＿ g 于 250mL 锥形瓶中（三份）加 20mL 蒸馏水溶解（不溶时可适当加热使其溶解后再冷却至室温），加 2 滴酚酞指示剂，用配制的 NaOH 溶液滴定至溶液由无色变为浅粉红色，30s 不褪色，记下 NaOH 体积。

五、实验数据记录与处理
用 $KHC_8H_4O_4$ 标定 NaOH 数据记录于表 5-11 中。

表 5-11　用 $KHC_8H_4O_4$ 标定 NaOH

记录项目	1	2	3
称量瓶+$KHC_8H_4O_4$质量(倾样前)/g			
称量瓶+$KHC_8H_4O_4$质量(倾样后)/g			
$KHC_8H_4O_4$质量/g			
V_{NaOH}/mL			
c_{NaOH}/(mol/L)			

测定次数 记录项目	1	2	3
$\bar{c}_{NaOH}/(mol/L)$			
绝对偏差 d_i			
绝对平均偏差 $\bar{d_i}$			
相对平均偏差 $R_d/\%$			

$$c_{NaOH} = \frac{m_{KHC_8H_4O_4} \times 1000}{V_{NaOH} \times M_{KHC_8H_4O_4}}$$

式中　c_{NaOH}——NaOH 标准溶液浓度，mol/L；

　　$m_{KHC_8H_4O_4}$——邻苯二甲酸氢钾的质量，g；

　　$M_{KHC_8H_4O_4}$——邻苯二甲酸氢钾的摩尔质量，g/mol；

　　V_{NaOH}——滴定时消耗 NaOH 标准溶液的体积，mL。

六、思考题

1. 标定 NaOH 标准溶液的基准物有哪些？如何确定滴定终点？为什么？

2. 以 $KHC_8H_4O_4$ 标定 NaOH 溶液的称取量如何计算？

3. 怎样得到不含 CO_2 的蒸馏水？

实验七　工业乙酸溶液含量的测定

一、实验目的

掌握强碱和弱酸的滴定，学会乙酸含量的测定。

二、实验原理

测定工业乙酸含量，可用酚酞作指示剂，用 NaOH 标准溶液直接滴定试样溶液。

$$NaOH + CH_3COOH \xlongequal{\quad\quad} CH_3COONa + H_2O$$

三、仪器与试剂

(1) 仪器：滴定分析仪一套。

(2) 试剂：NaOH(固体)、$KHC_8H_4O_4$、酚酞指示剂乙醇溶液 1g/L、工业乙酸。

四、实验步骤

(1) $c_{NaOH}=0.1mol/L$ NaOH 溶液的配制(见实验六)。

(2) $c_{NaOH}=0.1mol/L$ NaOH 溶液的标定(见实验六)。

(3) 工业乙酸含量的测定。吸取工业乙酸试样 1.00mL 于 100mL 容量瓶中，加水稀释至刻度摇匀，备用。吸取上述试样 20.00mL 于 250mL 锥形瓶中，加入 2 滴酚酞指示剂，然后用 NaOH 标准溶液滴定至浅粉红色，30s 不褪色，平行三次。

五、实验数据记录与处理

(1) 0.1mol/L NaOH 准确浓度的计算(见实验六)。

(2) 工业乙酸含量的计算见表 5-12。

表 5-12　用 NaOH 滴定工业乙酸

记录项目 / 测定次数	1	2	3
$V_{乙酸试样}$/mL		1.00	
$V_{乙酸}$/mL	20.00	20.00	20.00
V_{NaOH}/mL			
ρ_{HAc}/(g/L)			
$\overline{\rho}_{HAc}$/(g/L)			
绝对偏差 d_i			
绝对平均偏差 $\overline{d}_i$			
相对平均偏差 R_d/%			

$$\rho_{HAc} = \frac{c_{NaOH} \times V_{NaOH} \times M_{HAc}}{V \times \dfrac{20}{100}}$$

式中　ρ_{HAc}——乙酸的质量浓度，g/L；

c_{NaOH}——NaOH 标准滴定溶液的实际浓度，mol/L；

V_{NaOH}——滴定消耗 NaOH 标准滴定溶液的体积，mL；

M_{HAc}——CH$_3$COOH 的摩尔质量，60g/mol；

V——乙酸试样的体积，mL。

六、思考题

1. 粉红色的滴定终点为什么要维持 30s 不褪？

2. 欲求试样中乙酸的质量分数，应如何进行测定与计算？

实验八　工业甲醛溶液含量的测定

一、实验目的

（1）掌握亚硫酸钠法间接测定甲醛的原理和方法。

（2）学会甲醛溶液含量的计算。

二、实验原理

甲醛与亚硫酸钠发生加成反应，生成 α-羟基甲磺酸钠和相当量的 NaOH：

$$\begin{matrix} H \\ \diagdown \\ C{=}O \\ \diagup \\ H \end{matrix} + Na_2SO_3 + H_2O === \begin{matrix} H \quad OH \\ \diagdown\diagup \\ C \\ \diagup\diagdown \\ H \quad SO_3Na \end{matrix} + NaOH$$

可用 HCl 标准滴定溶液滴定生成的 NaOH，间接求出甲醛的含量。

由于 α-羟基甲磺酸钠呈弱碱性（$K_b = 1.2 \times 10^{-7}$），当 NaOH 溶液被 HCl 溶液中和后，溶液 pH 值为 9.0~9.5，宜选用百里酚酞作指示剂。

亚硫酸钠溶液中含有少量游离碱，应预先用酸中和。

三、仪器与试剂

（1）仪器：滴定分析仪器 1 套。

（2）试剂：$c_{HCl} = 0.1mol/L$ HCl 标准溶液、百里酚酞指示剂乙醇溶液 1g/L、$c_{Na_2SO_3} = 1mol/L$ 亚硫酸钠溶液（称取 126g 无水亚硫酸钠溶于 1L 水中，有效期一周）。

四、实验步骤

（1）$c_{HCl} = 0.1mol/L$ HCl 溶液的配制（见实验五）。

（2）$c_{HCl} = 0.1mol/L$ HCl 溶液的标定（见实验五）。

$$c_{HCl} = \frac{m_{Na_2CO_3} \times 1000}{V_{HCl} \times M_{\frac{1}{2}Na_2CO_3}}$$

式中　c_{HCl}——HCl 标准溶液的浓度，mol/L；

　　　　V_{HCl}——滴定时消耗 HCl 标准溶液的体积，mL；

　　　$m_{Na_2CO_3}$——Na_2CO_3 基准物质量，g；

　　　$M_{\frac{1}{2}Na_2CO_3}$——$\frac{1}{2}Na_2CO_3$ 基准物的摩尔质量，53g/mol。

（3）甲醛含量的测定。吸取工业甲醛 1.00mL 于 100mL 容量瓶中，加水稀释至刻度，摇匀，备用。吸取 20.00mL 甲醛稀释试液于锥形瓶中，加入 5mL Na_2SO_3 溶液，放置 5min，加入 3~4 滴百里酚酞，然后用 $c_{HCl} = 0.1mol/L$ HCl 标准溶液滴定至终点蓝色消失，平行测定三次，求出分析结果的平均值和相对偏差。

$$\rho_{HCHO} = \frac{c_{HCl} \times V_{HCl} \times M_{HCHO}}{V \times \frac{20}{100}}$$

式中　ρ_{HCHO}——甲醛的质量浓度，g/L；

　　　　c_{HCl}——盐酸标准滴定溶液和实际浓度，mol/L；

　　　　V_{HCl}——滴定消耗 HCl 标准滴定溶液的体积，mL；

　　　M_{HCHO}——甲醛的摩尔质量，30g/mol；

　　　　V——甲醛试样体积，mL。

五、实验数据记录与处理

（1）0.1mol/L HCl 准确浓度的计算结果列于表 5-13。

表 5-13　用 Na_2CO_3 标定 HCl

测定次数 记录项目	1	2	3
称量瓶+Na_2CO_3 质量（倾样前）/g			
称量瓶+Na_2CO_3 质量（倾样后）/g			
Na_2CO_3 质量/g			
V_{HCl}/mL			
c_{HCl}/（mol/L）			
$\bar{c}_{HCl}$/（mol/L）			
绝对偏差 d_i			
绝对平均偏差 $\bar{d}_i$			
相对平均偏差 R_d/%			

（2）工业甲醛含量的计算结果列于表 5-14。

表 5-14 用 HCl 滴定工业甲醛

记录项目 \ 测定次数	1	2	3
$V_{甲醛试样}$/mL		1.00	
$V_{甲醛}$/mL	20.00	20.00	20.00
V_{HCl}/mL			
$\bar{c}_{HCl}$/(mol/L)			
ρ_{HCHO}/(g/L)			
$\bar{\rho}_{HCHO}$/(g/L)			
绝对偏差 d_i			
绝对平均偏差 $\overline{d_i}$			
相对平均偏差 R_d/%			

六、思考题

1. 用亚硫酸钠法测定甲醛含量，为什么选用百里酚酞作指示剂？

2. 如果要求用质量分数表示分析结果，应如何进行测定和计算？

实验九 滴定管、移液管和容量瓶的校准

一、实验目的

1. 学习滴定管、移液管和容量瓶的校准方法，并了解容量器皿的校准的意义。

2. 进一步熟悉滴定分析仪器的使用。

二、实验原理

由于温度的变化，试剂的侵蚀等原因，容量器皿的实际容积与它所标示出的容积往往不完全相符，甚至其误差会超过分析所允许的误差范围。因此，在滴定分析中，特别是准确度要求较高的分析工作中，必须对容量器皿进行校准(见第三章第三节)。

三、实验步骤

1. 滴定管的校准(采用绝对校准法)

（1）酸式滴定管的校准：将已洗净的酸式滴定管盛满纯水，调至零刻度后，从酸式滴定管中放出一定体积的纯水于已称重的且外壁干燥的 50mL 带塞的锥形瓶中，每次放出纯水的体积叫表观体积，表观体积的大小可分 0mL、10mL、20mL、30mL、40mL、50mL，用同一台分析天平称其质量，准至 0.0001g。根据称量数据，算得纯水质量，用此质量除以密度，就得实际容积，最后求其校准值。

（2）画出酸式滴定管的曲线图。实验校准数据记录于表 5-15。

根据校准实验数据作出酸式滴定管校准曲线图。

（3）碱式滴定管的校准

将已洗净的碱式滴定管盛满纯水，调至零刻度后，从碱式滴定管中放出一定体积的纯水于已称重且外壁干燥的 50mL 带塞的锥形瓶中，每次放出纯水的体积叫表观体积，表观体积的大

小可分0mL、10mL、20mL、30mL、40mL、50mL，用同一台分析天平称其质量，准至0.0001g。根据称量数据，算得纯水质量，用此质量除以密度，就得实际容积，最后求其校准值。

表5-15　实验记录表

滴定体积/mL	表观体积/mL	瓶和水的质量/mL	水的质量/g	实际容积/mL	校准值/mL	总校准值/mL

（4）画出碱式滴定管的曲线图。校准数据记录于表5-16。

表5-16　实验记录表

滴定体积/mL	表观体积/mL	瓶和水的质量/mL	水的质量/g	实际容积/mL	校准值/mL	总校准值/mL

根据表校本准实验数据作出碱式滴定管校准曲线图。

2. 移液管和容量瓶的校准（采用相对校准法）

将25mL移液管和250mL容量瓶洗净，将容量瓶晾干，用25mL移液管准确移取蒸馏水10次于容量瓶中，仔细观察弯月面下边缘是否与容量瓶上的标线相切，标线一致可使用原标线，如不一致，则另作一标记。经校准后的移液管和容量瓶应配套使用。

四、思考题

1. 影响滴定分析量器校准的主要因素有哪些？

2. 在校准滴定管时，为什么带塞锥形瓶的外壁必须干燥？锥形瓶的内壁是否一定要干燥？

实验十　工业硫酸含量的测定

一、实验目的

（1）掌握工业硫酸含量的测定原理和方法。

（2）学会硫酸百分含量的计算方法。

（3）学会滴定管的校正、溶液温度的校正以及实际体积的计算。

二、原理

氢氧化钠与硫酸反应，用酚酞作指示剂，生成硫酸钠和水，反应方程式如下：

$$2NaOH+H_2SO_4 = Na_2SO_4+H_2O$$

三、试剂

NaOH(固体)，酚酞指示剂乙醇溶液 1g/L，$KHC_8H_4O_4$

四、实验内容

（1）NaOH 标准溶液的标定操作

准确称取基准物 $KHC_8H_4O_4$（准至 0.0001g）于 250mL 锥形瓶中，加 50mL 水溶解，加入 3 滴酚酞，用待标定的 NaOH 溶液滴定至终点由无色变至浅粉色，记录消耗 NaOH 溶液的体积。平行 4 次，同时做一次空白实验。

（2）计算 NaOH 标准溶液的浓度 c，单位 mol/L。

计算公式：

$$c_{NaOH} = \frac{m_{KHC_8H_4O_4} \times 1000}{V_{NaOH} \times M_{KHC_8H_4O_4}}$$

式中　c_{NaOH}——NaOH 标准溶液浓度，mol/L；

$m_{KHC_8H_4O_4}$——邻苯二甲酸氢钾的质量，g；

$M_{KHC_8H_4O_4}$——邻苯二甲酸氢钾的摩尔质量，204.2g/mol；

V_{NaOH}——滴定时消耗 NaOH 标准溶液的体积，mL。

（3）工业硫酸含量的测定

① 工业硫酸含量的测定操作：准确称取_____ g（准至 0.0001g）的工业硫酸试样，放入事先加 50mL 蒸馏水的 250mL 锥形瓶中，加 3 滴酚酞，用 NaOH 标准溶液滴定至终点由无色变至浅粉色，记录消耗 NaOH 标准溶液消耗体积。平行 3 次，并做空白实验一次。

② 计算 H_2SO_4 的百分含量 $\omega(H_2SO_4)$，以%计。

$$\omega_{H_2SO_4} = \frac{c_{NaOH} \times V_{NaOH} \times M_{\frac{1}{2}H_2SO_4}}{m_s \times 1000} \times 100\%$$

式中　c_{NaOH}——NaOH 标准溶液浓度，mol/L；

V_{NaOH}——滴定时消耗 NaOH 标准溶液的体积，mL；

$M_{\frac{1}{2}H_2SO_4}$——硫酸的摩尔质量，g/mol；

m_s——试样的质量，g。

五、数据记录与处理

1. NaOH 标准溶液的标定

实验记录表见表 5-17。

表 5-17　实验记录表

待标溶液名称：　　　　　基准物：　　　　　天平编号：　　　　　滴定管编号：

记录项目	测定次数	1	2	3	重做
基准物称量/g	倾样前质量				
	倾样后质量				
	基准物质量				
初读数/mL					

记录项目 \ 测定次数	1	2	3	重做
终点消耗数/mL				
滴定管体积校正值/mL				
温度/℃				
温度校正值/mL				
温度校正后的体积/mL				
NaOH 标准溶液实际体积/mL				
空白试验消耗 NaOH 标准液体积/mL				
标准溶液浓度 c_{NaOH}/(mol/L)				
标准溶液浓度平均值 $\bar{c}_{NaOH}$/(mol/L)				
相对极差/%				
计算公式				
备注				

2. 工业硫酸含量的测定

实验记录表见表 5-18。

表 5-18　实验记录表

天平编号：　　　　　滴定管编号：

记录项目 \ 测定次数		1	2	3	重做
试样称量/g	倾样前质量				
	倾样后质量				
	试样质量				
初读数/mL					
终点消耗数/mL					
滴定管体积校正值/mL					
温度/℃					
温度校正值/mL					
温度的补正后体积/mL					
实际消耗 NaOH 标准溶液体积/mL					
空白试验消耗 NaOH 标准液体积/mL					
标准溶液浓度 c_{NaOH}/(mol/L)					
H_2SO_4 的质量分数/%					
H_2SO_4 的平均质量分数/%					
相对极差/%					
计算公式					
备注					

3. 数据处理运算过程

（1）NaOH 标准溶液的标定

（2）H_2SO_4 含量的测定

实验十一　混合碱中 Na_2CO_3 和 $NaHCO_3$ 含量的测定

一、实验目的

（1）掌握盐酸标准溶液的配制及标定方法。

（2）掌握双指示剂法测定混合碱各组分的原理和方法。

（3）掌握酸式滴定管的滴定操作及使用指示剂确定终点的方法。

二、实验原理

混合碱系指 Na_2CO_3 与 $NaHCO_3$ 或 Na_2CO_3 与 NaOH 的混合物，可采用双指示剂法进行分析，测定各组分的含量。所谓"双指示剂法"，即在一次滴定中先后用两种不同的指示剂来指示滴定的两个终点。在本实验中先加酚酞指示剂，以 HCl 标准溶液滴定至酚酞褪色，此时溶液中 Na_2CO_3 仅被滴定成 $NaHCO_3$，即 Na_2CO_3 被中和了一半。

$$Na_2CO_3 + HCl =\!=\!= NaHCO_3 + NaCl$$

再加甲基橙指示剂，用 HCl 标准溶液继续滴定至溶液由黄色至橙色，此时溶液中的 $NaHCO_3$ 全部被中和。

$$NaHCO_3 + HCl =\!=\!= NaCl + H_2O + CO_2\uparrow$$

假设用酚酞作指示剂时，滴定时用去酸的体积为 V_1 mL，用甲基橙作指示剂时，滴定时用去酸的体积为 V_2 mL，则 V_1 必小于 V_2，根据 $V_2 - V_1$ 来计算 $NaHCO_3$ 的含量，再根据 $2V_1$ 来计算 Na_2CO_3 的含量。

三、试剂

0.1mol/L HCl 标准溶液（配制及标定方法见实验五）、0.1%甲基橙指示剂、0.1%酚酞指示剂乙醇溶液、混合碱试样（Na_2CO_3 和 $NaHCO_3$）。

四、实验步骤

用称量瓶按照差减法准确称取纯碱试样_____ g（称准至 0.0001g）于烧杯中，加入少于 50mL 的水溶解完全，定量转移至 100mL 容量瓶中，加水稀释至刻度，摇匀。准确移取 20.00mL 三份上述试样于 250mL 锥形瓶中，加 2~3 滴酚酞指示剂，用 0.1mol/L HCl 标准溶液滴定至红色近乎消失，用去 HCl 溶液体积为 V_1。再加入 1 滴甲基橙指示剂，继续用 HCl 标准溶液滴定至溶液由黄色至橙色为终点，用去 HCl 溶液的体积为 $V_总$。$V_2 = V_总 - V_1$，根据 V_1 和 V_2 计算 Na_2CO_3 和 $NaHCO_3$ 的含量，平行测定三次。

$$\omega_{Na_2CO_3} = \frac{\frac{1}{2}\bar{c}_{HCl} \times 2V_1 \times M_{Na_2CO_3}}{m \times \frac{20}{100} \times 1000} \times 100\%$$

$$\omega_{NaHCO_3} = \frac{\bar{c}_{HCl} \times (V_2 - V_1) \times M_{NaHCO_3}}{m \times \frac{20}{100} \times 1000} \times 100\%$$

式中　　$\omega_{Na_2CO_3}$——Na_2CO_3 的质量分数,%;

ω_{NaHCO_3}——$NaHCO_3$ 的质量分数,%;

c_{HCl}——盐酸标准溶液的浓度, mol/L;

V_1——酚酞为指示剂滴至终点消耗盐酸溶液的体积, mL;

V_2——甲基橙为指示剂滴至终点消耗盐酸溶液的体积, mL;

$M_{Na_2CO_3}$——Na_2CO_3 的摩尔质量, g/mol;

M_{NaHCO_3}——$NaHCO_3$ 的摩尔质量, g/mol;

m——被测试样的质量, g。

五、附注

(1) 用 HCl 滴定混合碱时,终点比较难于观察。为得到较准确的结果,可利用对照实验。

(2) 加入甲基橙指示剂后,继续用 HCl 标准溶液滴定,当溶液由黄色变为橙色,为准确起见,应煮沸 2min,冷却后继续由 HCl 溶液滴定至橙色即为终点。

六、实验数据记录与处理

1. HCl 标液的标定

实验数据记录于表 5-19 中。

表 5-19　HCl 标液的标定记录

标准溶液名称			基准物名称		滴定管编号	
室温/℃			溶液温度/℃		补正值	
标定日期			年　　月　　日			
记录项目	测定次数		1	2	3	
基准物称量/g	倾样前质量					
	倾样后质量					
	基准物质量					
初读数/mL						
末读数/mL						
消耗数/mL						
滴定管体积校正值/mL						
温度/℃						
温度校正值/mL						
温度校正后的值/mL						

续表

记录项目 ＼ 测定次数	1	2	3
实际消耗 HCl 标准溶液体积/mL			
标准溶液浓度 c_{HCl}/(mol/L)			
标准溶液平均浓度 $\bar{c}_{HCl}$/(mol/L)			
相对极差/%			
计算公式			
备注			

2. Na_2CO_3 和 $NaHCO_3$ 混合碱含量的测定

实验数据记录于表 5-20 中。

表 5-20　Na_2CO_3 和 $NaHCO_3$ 的测定记录

标准溶液名称		试样名称		滴定管编号	
室温/℃		溶液温度/℃		温度补正值	
标定日期		年　　　月　　　日			

记录项目 ＼ 测定次数		1	2	3
混合碱称量/g	倾样前质量			
	倾样后质量			
	混合碱质量			
移取混合碱试液体积/mL				
消耗 HCl 体积 V_1/mL				
滴定管体积校正值/mL				
温度补正后的值/mL				
实际消耗 HCl 标准溶液体积 V_1/mL				
消耗 HCl 总体积 $V_总$/mL				
滴定管体积校正值/mL				
温度补正后的值/mL				
实际消耗 HCl 标准溶液总体积 $V_总$/mL				
实际消耗 HCl 标准溶液体积 $V_2=V_总-V_1$/mL				
HCl 标准溶液的浓度 c/(mol/L)				
Na_2CO_3 质量分数 ω/%				
Na_2CO_3 平均质量分数 $\bar{\omega}$/%				
相对平均极差/%				
$NaHCO_3$ 质量分数 ω/%				
$NaHCO_3$ 平均质量分数 $\bar{\omega}$/%				
相对极差/%				
计算公式				
备注				

3. 运算过程

（1）HCl 标准溶液的标定

（2）混合碱中 Na_2CO_3 和 $NaHCO_3$ 含量的测定

七、思考题

1. 用双指示剂法测定混合碱组成的方法原理是什么？

2. 用基准无水 Na_2CO_3 标定 HCl 溶液时，Na_2CO_3 试剂为什么要进行灼烧处理？不灼烧，会有什么影响？

3. 什么叫双指示剂法？

实验十二　混合碱中 NaOH、Na_2CO_3 含量的测定

一、实验目的

（1）掌握盐酸标准溶液的配制和标定方法。

（2）了解测定混合碱中 NaOH 和 Na_2CO_3 含量的原理和方法。

（3）掌握在同 1 份溶液中用双指示剂法测定混合碱中 NaOH 和 Na_2CO_3 含量的操作技术。

二、实验原理

市售浓盐酸含量约为 37%，浓度为 12mol/L。配制时可先根据欲配制 HCl 溶液的浓度和体积，量取一定量的浓 HCl，用水稀释至所需近似浓度，再用基准物质标定。考虑浓 HCl 溶液的挥发性，配制溶液时应适当多取一点。

标定 HCl 溶液可用基准硼砂（$Na_2B_4O_7 \cdot 10H_2O$）试剂，反应如下：

$$Na_2B_4O_7 + 2HCl + 5H_2O === 4H_3BO_3 + 2NaCl$$

化学计量点时反应产物为 H_3BO_3（$K_a = 5.8 \times 10^{-10}$）和 NaCl，溶液的 pH 值为 5.1，可用甲基红作指示剂。

硼砂在水中重结晶两次（结晶析出温度在 50℃ 以下），就可获得符合要求的硼砂，析出的晶体于室温下暴露在 60%~70% 相对湿度的空气中，干燥一天一夜。干燥的硼砂结晶须保存在密闭的瓶中，以防失水。

碱液易吸收空气中的 CO_2 形成 Na_2CO_3，所以苛性碱实际上往往含有 Na_2CO_3，故称为混合碱。混合碱中 NaOH 和 Na_2CO_3 的含量，可在同一份试液中用两种不同的指示剂分别测定，此种方法称为"双指示剂法"。

测定时，混合碱中 NaOH 和 Na_2CO_3 是用 HCl 标准溶液滴定的，其反应式如下：

$$NaOH + HCl === NaCl + H_2O$$
$$Na_2CO_3 + HCl === NaHCO_3 + NaCl$$
$$NaHCO_3 + HCl === NaCl + H_2O + CO_2 \uparrow$$

可用酚酞及甲基橙来分别指示滴定终点，当酚酞变色时，NaOH 已全部被中和，而 Na_2CO_3 只被滴定到 $NaHCO_3$，即只中和了一半。在此溶液中再加甲基橙指示剂，继续滴定到终点，则生成的 $NaHCO_3$ 被进一步中和为 CO_2。

设酚酞变色时，消耗 HCl 溶液的体积为 V_1，此后，至甲基橙变色时又用去 HCl 溶液的体积为 V_2，则 V_1 必大于 V_2。根据 V_1-V_2 来计算 NaOH 含量，再根据 $2V_2$ 计算 Na_2CO_3 含量。

三、试剂

12mol/L 浓盐酸、0.2%甲基橙指示剂、0.2%酚酞指示剂乙醇溶液、混合碱试样（NaOH 和 Na_2CO_3）、0.2%甲基红指示剂。

四、实验步骤

1. 0.1mol/L HCl 溶液的配制

用洁净量筒取 2.2mL 浓 HCl，倾入预先盛有一定量水的试剂瓶中，加蒸馏水稀释至 250mL 容量瓶中，摇匀。

2. 0.1mol/L HCl 溶液的标定。

准确称取 3 份_____ g 基准试剂硼砂 $Na_2B_4O_7 \cdot 10H_2O$，分别置于 250mL 锥形瓶中，加入 20~30mL 水溶解后，分别加入 1~2 滴 0.2%甲基红指示剂。用 HCl 溶液滴定至溶液由黄色变为微红色即为终点。根据称取硼砂的质量和滴定时消耗 HCl 溶液的体积，计算 HCl 标准溶液的浓度。平行标定 3 份。

3. 混合碱含量的测定

用称量瓶以差碱法称取混合碱试样_____ g 于 250mL 烧杯中，用少量新煮沸的冷蒸馏水搅拌使其完全溶解，然后转移到一洁净的 200mL 容量瓶中，用新煮沸的冷蒸馏水稀释至刻度，充分摇匀。

用移液管吸取 20.00mL 上述试液 3 份，分别置于 250mL 锥形瓶中，加 50mL 新煮沸的蒸馏水，再加 1~2 滴酚酞指示剂，用 HCl 标准溶液滴定至溶液由红色刚变为无色，即为第一终点，记下 V_1。然后，再加 1~2 滴甲基橙指示剂于此溶液中，此时溶液呈黄色，继续用 HCl 标准溶液滴定，直至溶液出现橙色，即为第二终点，记下 V_2。根据 V_1 和 V_2 计算 NaOH 和 Na_2CO_3 的含量。

$$\rho_{Na_2CO_3} = \frac{\frac{1}{2}c_{HCl} \times 2V_2 \times M_{Na_2CO_3}}{V \times \frac{20}{100}}$$

$$\rho_{NaOH} = \frac{c_{HCl} \times (V_1-V_2) \times M_{NaOH}}{V \times \frac{20}{100}}$$

式中　$\rho_{Na_2CO_3}$——Na_2CO_3 的含量，g/L；

　　　ρ_{NaOH}——Na_2CO_3 的含量，g/L；

　　　c_{HCl}——盐酸标准溶液的浓度，mol/L；

　　　V_1——酚酞为指示剂滴至终点消耗盐酸溶液的体积，mL；

　　　V_2——甲基橙为指示剂滴至终点消耗盐酸溶液的体积，mL；

　　$M_{Na_2CO_3}$——Na_2CO_3 的摩尔质量，g/mol；

M_{NaOH}——NaOH 的摩尔质量，g/mol；

V——混合碱试样的体积，g。

五、附注

1. 为了确保硼砂中含有 10 个结晶水，常常将结晶的硼砂置于相对湿度为 60% 的气氛中进行平衡，即得 $Na_2B_4O_7 \cdot 10H_2O$。通常于干燥器的底部放置 NaCl 和蔗糖的饱和溶液，密闭后，容器内的相对湿度约为 60%。当室内的相对湿度不低于 39% 时，硼砂的失水现象并不显著，故对于一般分析工作，如相对湿度不是太小，硼砂不必进行处理。

2. 如果待测试样为混合碱溶液，则可直接用移液管准确吸取 20.00mL 试液 3 份，分别加新煮沸的冷蒸馏水，按同法进行测定，测定结果以 g/L 或 g/mL 来表示。

3. 滴定速度宜慢，近终点时每加 1 滴后摇匀，至颜色稳定后再加第 2 滴。否则，因为颜色变化较慢，容易过量。

六、实验数据记录与处理

同实验十一

七、思考题

1. 什么叫混合碱？采用双指示剂法分别测定 3 个碱样，结果是（1）$V_1 = 0$；（2）$V_2 = 0$；（3）$V_1 = V_2 \neq 0$；$V_1 > V_2$；$V_1 < V_2$ 时，判断每个碱样的成分？

2. 用 $Na_2B_4O_7 \cdot 10H_2O$ 标定 HCl 溶液和用 Na_2CO_3 标定 HCl 溶液各有什么特点？

实验十三　　EDTA 标准溶液的配制与标定、水中总硬度的测定

一、实验目的

（1）掌握 EDTA 溶液的配制及浓度的标定方法。

（2）掌握配位滴定法测定水硬度的原理和方法。

（3）掌握铬黑 T 指示剂的使用条件。

二、实验原理

由于乙二胺四乙酸（简写 EDTA）难溶于水，通常采用 EDTA 二钠盐配制标准溶液。乙二胺四乙酸二钠盐（$Na_2H_2Y \cdot 2H_2O$）在水中的溶解度为 120g/L，可配成浓度为 0.3mol/L 的溶液。在滴定分析中，EDTA 标准溶液通常采用间接法配制。能用于标定 EDTA 的基准物质较多，如纯金属 Zn、Pb、Bi、Cu 等，金属氧化物或其盐类（ZnO、CaO、$MgSO_4 \cdot 7H_2O$）等。

用 $CaCO_3$ 作基准物质标定 EDTA 溶液浓度时，以铬黑 T 为指示剂，调节溶液 pH 值为 10，用 EDTA 标准溶液直接滴定。

水中钙镁含量俗称水的"硬度"。水的硬度主要用 EDTA 滴定法测定。在 pH = 10 的 NH_3-NH_4Cl 缓冲溶液中，用铬黑 T 作指示剂进行滴定，溶液由酒红色变为纯蓝色即为终点。由于 $K_{CaY} > K_{MgY}$，EDTA 首先和溶液中的 Ca^{2+} 配位，然后再与 Mg^{2+} 配位，故可选用对 Mg^{2+} 灵敏的指示剂铬黑 T 来指示终点。

水的硬度大小是以 Ca、Mg 总量折算成 CaO 的量来衡量的，各国采用的硬度单位所不同。有将水中的盐类都折算成 $CaCO_3$，而以 $CaCO_3$ 的量作为硬度标准的，也有将盐类合算成 CaO，而以 CaO 的量来表示的。目前我国采用两种表示方法：一种是以度（°）计，1 硬度单位表示十

万份水中含 1 份 CaO，1°＝10mg CaO/L，即表示 1L 水中含 10mg CaO；另一种是以 ppm 计，这是一种国际单位，即每百万份中的份数。如 1ppm 即每百万份水中含 1 份 $CaCO_3$，也相当于 1L 水中含 1mg $CaCO_3$。所以，我国通常用 10mg CaO/L 或 1mg $CaCO_3$/L 表示水的硬度。

水的硬度一般可分为五种：极软水 0°~4°、软水 4°~8°、微硬水 8°~16°、硬水 16°~30°、极硬水>30°。生活饮用水要求硬度≤25°，工业用水要求为软水，否则易形成水垢，造成危害。

三、试剂

乙二胺四乙酸二钠（$Na_2H_2Y \cdot 2H_2O$）固体、$CaCO_3$ 基准物质（需在 105℃ 干燥 2h，取出在干燥器中冷至室温）、NH_3-NH_4Cl 缓冲溶液、1∶1 HCl 溶液、铬黑 T 指示剂。

四、实验步骤

1. 0.02mol/L EDTA 溶液的配制

称取乙二胺四乙酸二钠 2.0g 于 250mL 烧杯，加入少量水溶解，可适当加热。溶解后转入 250mL 试剂瓶中，稀释至 250mL，摇匀。此溶液待冷至室温下使用。

2. 0.02mol/L EDTA 溶液的标定

准确称取基准 $CaCO_3$ 试剂＿＿＿＿ g（称准至 0.0001g）于 250mL 烧杯中，用少量水润湿，盖上表面皿，慢慢滴加 1∶1 HCl 溶液至 $CaCO_3$ 全部溶解，避免加入过量酸。加 100mL 水，小火煮沸 3min，驱除 CO_2 溶液。冷至室温，以少量水冲洗表面皿，定量转移至 200mL 容量瓶中，用水稀释至刻度，摇匀。

用移液管移取上述 Ca^{2+} 标准溶液 20.00mL 于 250mL 锥形瓶中。加 20mL 蒸馏水，5mL 缓冲溶液和 2 滴 Mg^{2+} 溶液，加 3 滴铬黑 T 指示剂（或 50~100mg 固体铬黑 T）。立即用配制的 EDTA 溶液进行滴定，充分摇动，当溶液的颜色由酒红色至蓝色即为终点。平行测定 3 份，计算 EDTA 溶液的准确浓度。

$$c_{EDTA} = \frac{m_{CaCO_3} \times \frac{20}{100} \times 1000}{V_{EDTA} \times M_{CaCO_3}}$$

式中　c_{EDTA}——EDTA 溶液的浓度，mol/L；

m_{CaCO_3}——$CaCO_3$ 基准试剂的质量，g；

V_{EDTA}——滴定消耗 EDTA 溶液的体积，mL；

M_{CaCO_3}——$CaCO_3$ 的摩尔质量，100g/mol。

3. 水中钙镁含量的测定

用移液管移取自来水样 100.00mL 于 250mL 锥形瓶中，加 5mL 缓冲溶液和 3 滴铬黑 T 指示剂，立即用 0.02mol/L EDTA 标准溶液滴定。接近终点时，滴定速度宜慢，并充分摇动，直至溶液颜色由酒红色至纯蓝色即为终点。平行测定 3 份。根据 EDTA 溶液的用量计算水样的硬度。

$$\rho_{CaO} = \frac{\bar{c}_{EDTA} \times V_{EDTA} \times M_{CaO} \times 1000}{V_自}$$

式中　ρ_{CaO}——水样中 CaO 的密度，mg/L；

$\bar{c}_{EDTA}$——EDTA 溶液的平均浓度，mol/L；

V_{EDTA}——滴定消耗 EDTA 溶液的体积，mL；

M_{CaO}——CaO 的摩尔质量，g/mol；

$V_自$——自来水样的体积，mL。

4. Ca^{2+}、Mg^{2+}分别测定

（1）Ca^{2+}的测定：用移液管准确吸取 100.00mL 自来水于 250mL 锥形瓶中，加 0.1g 钙羧基指示剂溶解后，用滴管滴加 1mol/LNaOH 溶液调至溶液呈微红色（pH=12），再过量 5mL，用 EDTA 标准溶液滴定至终点由酒红色变到纯蓝色，记录消耗 EDTA 的体积。平行 3 次。

$$\rho_{Ca^{2+}} = \frac{\bar{c}_{EDTA} \times V_{EDTA} \times M_{Ca^{2+}} \times 1000}{V_自}$$

式中　$\rho_{Ca^{2+}}$——水样中 Ca^{2+}的密度，mg/L；

$\bar{c}_{EDTA}$——EDTA 溶液的平均浓度，mol/L；

V_{EDTA}——滴定消耗 EDTA 溶液的体积，mL；

$M_{Ca^{2+}}$——Ca 的摩尔质量，g/mol；

$V_自$——自来水样的体积，mL。

（2）Mg^{2+}含量测定：

$$\rho_{Mg^{2+}} = \rho_{CaO} - \rho_{Ca^{2+}}$$

五、附注

（1）测定工业用水样前应针对水样情况进行适当的前处理，如水样呈酸性或碱性，要预先中和；水样如含有机物，颜色较深，须用 2mL 浓盐酸及少许过硫酸铵加热脱色后再测定；水样浑浊，需先过滤（但应注意用纯水将滤纸洗净后用）；水样中含有较多的 CO_3^{2-}，也影响滴定，则需先加酸煮沸，驱除 CO_2 后，再进行滴定。

（2）当水样中 Mg^{2+}含量较低时，铬黑 T 指示剂终点变色不够敏锐，可加入一定量的 Mg^{2-}EDTA 混合液，以增加溶液中 Mg^{2+}含量，使终点变色敏锐。

（3）工业用水中如含有少量 Fe^{3+}、Al^{3+}等干扰离子，可用三乙醇胺予以掩蔽；如含 Al^{3+}较高，则需加酒石酸钾钠予以掩蔽；如含 Cu^{2+}、Ni^{2+}、Zn^{2+}等干扰离子，则需在碱性溶液中加 KCN 予以掩蔽。

六、实验数据记录与处理表

1. EDTA 的标定

EDTA 标定数据记录于表 5-21。

表 5-21　实验数据记录表

记录项目	测定次数	1	2	3
基准物称量/g	倾样前质量			
	倾样后质量			
	基准物质量			
初读数/mL				
末读数/mL				
消耗数/mL				
滴定管体积校正值/mL				

续表

记录项目 ＼ 测定次数	1	2	3
温度/℃			
温度校正值/mL			
温度校正后的值/mL			
实际消耗 EDTA 标准溶液体积/mL			
空白试验消耗 EDTA 标液体积/mL			
标准溶液浓度 c_{EDTA}/(mol/L)			
标准溶液浓度平均值 $\bar{c}_{EDTA}$/(mol/L)			
相对平均偏差 R_d/%			
计算公式			
备注			

2. 自来水硬度数据记录与处理

自来水硬度数据记录记于表5-22。

表 5-22　实验数据记录表

记录项目 ＼ 测定次数	1	2	3
移取自来水的体积数/mL	100.00	100.00	100.00
初读数/mL			
末读数/mL			
消耗数/mL			
滴定管体积校正值/mL			
温度/℃			
温度校正值/mL			
温度校正后的值/mL			
实际消耗 EDTA 标准溶液体积/mL			
标准溶液浓度平均值 $\bar{c}_{EDTA}$/(mol/L)			
自来水 CaO 的密度/(g/L)			
自来水 CaO 的平均密度/(g/L)			
自来水硬度(°)			
相对极差/%			
Ca^{2+} 的密度/(mg/L)			
Ca^{2+} 的平均密度/(mg/L)			
相对极差/%			
Mg^{2+} 平均密度/(mg/L)			
计算公式			
备注			

3. 运算过程

（1）EDTA 标准溶液的浓度

（2）自来水硬度及 Ca^{2+}、Mg^{2+} 的分别测定

（3）Ca^{2+}、Mg^{2+} 分别测定

七、思考题

1. 本实验为什么采用 NH_3-NH_4Cl 缓冲溶液？为什么采用铬黑 T 指示剂，能用二甲酚橙指示剂吗？为什么？

2. 测定水中钙和镁总量时哪些离子有干扰？应如何消除？

实验十四　铅、铋混合液中铅、铋含量的连续测定

一、实验目的

（1）掌握借控制溶液酸度来进行多种金属离子连续滴定的配位滴定方法和原理。

（2）学会铅和铋连续配位滴定的分析方法。

（3）进一步熟悉二甲酚橙指示剂的应用和终点的测定方法。

二、实验原理

Bi^{3+}、Pb^{2+} 离子均能与 EDTA 形成稳定的配合物，但是其稳定性却有相当大的差别（$\lg K_{BiY} = 27.94$，$\lg K_{PbY} = 18.04$），因此可以利用控制溶液酸度的办法来进行连续滴定，通常在 $pH \approx 1.0$ 时滴定 Bi^{3+}，再在 $pH \approx 5 \sim 6$ 时滴定 Pb^{2+}。

在测定中，均以二甲酚橙为指示剂。先调节溶液的酸度为 $pH \approx 1$，加入二甲酚橙指示剂后呈现 Bi^{3+} 与二甲酚橙配合物的紫红色，用 EDTA 标准溶液滴定至溶液呈亮黄色，即可测得铋的含量。然后再用六次甲基四胺溶液为缓冲剂，调节溶液 pH 值为 5~6，此时，Pb^{2+} 与二甲酚橙指示剂形成紫红色配合物，再用 EDTA 标准溶液滴定使溶液再变为亮黄色，由此可测得铅的含量。

二甲酚橙属于三苯甲烷显色剂，易溶于水，它有七级酸式离解，其中 H_7In 至 H_3In^{4-} 呈黄色，H_2In^{5-} 至 In^{2-} 呈红色。所以它在溶液中的颜色随酸度改变，在溶液 pH<6.3 时呈黄色。在 pH>6.3 时呈红色。二甲酚橙与 Bi^{3+} 及 Pb^{2+} 形成的配合物呈紫红色，它们的稳定性与 Bi^{3+}、Pb^{2+} 和 EDTA 所形成配合物的稳定性相比要低一些。

三、试剂

0.02mol/L EDTA 标准溶液（配制及标定方法见实验十六）、20%六次甲基四胺溶液、

0.1mol/L NaOH 溶液、6mol/L HCl 溶液、0.1mol/L HNO₃溶液、0.2%二甲酚橙指示剂、Bi³⁺与 Pb²⁺混合溶液(含 Bi³⁺、Pb²⁺各约为 0.01mol/L)、6mol/L NH₃·H₂O 溶液。

四、实验步骤

移取 Bi³⁺、Pb²⁺混合试样 20.00mL 于100mL 容量瓶中，加蒸馏水稀释至刻度，摇匀备用。

1. Bi³⁺的滴定

移取 25.00mL 试液 3 份，分别置于250mL 锥形瓶中。取 1 份先作初步滴定。先以 pH 值为 0.5~5 范围的精密 pH 试纸试验试液的酸度，一般来说，不带沉淀的含 Bi³⁺的试液其 pH 值应在 1 以下。为此，以 0.1mol/L NaOH 溶液调节之，边滴 NaOH 边搅拌，并不断以精密 pH 试纸试之，直至溶液的 pH 值达到 1 为止。记下所加 NaOH 溶液的体积。接着加入 10mL 0.1mol/L HNO₃溶液及 2 滴二甲酚橙指示剂，用 0.02mol/L EDTA 标准溶液滴定至溶液由紫红色变为棕红色，再加 1 滴，突变为亮黄色，即为终点，记下粗略读数，然后开始正式滴定。

取另 1 份25mL 试液，加入初步滴定中调节溶液酸度时所需的同样体积的 0.1mol/L NaOH 溶液，接着再加入 10mL 0.1mol/L HNO₃溶液及 2 滴二甲酚橙指示剂，用 0.02mol/L EDTA 标准溶液滴定至溶液由紫红色变为亮黄色，即为终点。在离终点 1~2mL 前可以滴得快一些，近终点时则应慢一些，每加 1 滴，摇动并观察是否变色。

2. Pb²⁺的滴定

在滴定 Bi³⁺后的溶液中，加 4~6 滴二甲酚橙指示剂，并逐滴滴加 6mol/L NH₃·H₂O 至溶液由黄色变为橙色[注意不能多加，否则生成 Pb(OH)₂沉淀，影响测定]，然后再加20%六次甲基四胺至溶液呈稳定的紫红色(或橙红色)时，再过量5mL，此时溶液 pH 值约为 5~6，最后用 0.02mol/L EDTA 标准溶液滴定至溶液由紫红色变为亮黄色即为终点。平行测定 3 次。

根据滴定时消耗 EDTA 溶液的体积和 EDTA 溶液的浓度，分别计算出混合溶液中 Bi³⁺和 Pb²⁺的含量。

$$c_{EDTA} = \frac{m_{CaCO_3} \times \frac{20}{100} \times 1000}{V_{EDTA} \times M_{CaCO_3}}$$

式中　c_{EDTA}——EDTA 标准溶液的浓度，mol/L；

m_{CaCO_3}——CaCO₃基准试剂的质量，g；

V_{EDTA}——滴定消耗 EDTA 溶液的体积，mL；

M_{CaCO_3}——CaCO₃的摩尔质量，100g/mol。

$$\rho_{Bi^{3+}} = \frac{\bar{c}_{EDTA} \times V_{1EDTA} \times M_{Bi^{3+}}}{V_{混合液}}$$

$$\rho_{Pb^{2+}} = \frac{\bar{c}_{EDTA} \times V_{2EDTA} \times M_{Pb^{2+}}}{V_{混合液}}$$

式中　$\rho_{Bi^{3+}}$——水样中 Bi³⁺的密度，g/L；

$\rho_{Pb^{2+}}$——水样中 Pb²⁺的密度，g/L；

$\bar{c}_{EDTA}$——EDTA 标准溶液的平均浓度，mol/L；

V_{1EDTA}——滴定 Bi³⁺消耗 EDTA 标准溶液的体积，mL；

V_{2EDTA}——滴定 Pb²⁺消耗 EDTA 标准溶液的体积，mL；

$M_{Bi^{3+}}$——Bi^{3+}的摩尔质量，g/mol；

$M_{Pb^{2+}}$——Pb^{2+}的摩尔质量，g/mol；

$V_{混合液}$——Bi^{3+}、Pb^{2+}混合溶液的体积，mL。

五、附注

（1）由于调节溶液酸度时要以精密 pH 试纸检验，心中无数，检验次数必然较多，为了消除因溶液损失而产生误差，故采用初步试验的方法。

（2）被滴定的溶液中原先已加入 2 滴二甲酚橙指示剂，由于滴定中加入 EDTA 标准溶液后使体积增大等原因，指示剂的量会感到不足(由溶液的颜色可以看出)，所以需要再加 4~6 滴。

（3）在此实验中，调 NaOH 是关键。NaOH 快、浓、多都会出现沉淀且不再复原，故最好先算出 NaOH 的量，再慢慢加入。

六、实验数据记录与处理

1. EDTA 的标定

EDTA 标定实验数据记录表见实验十三表 5-21。

2. Pb^{2+}、Bi^{3+}的连续测定数据记录与处理

班级：   姓名：

记录项目 \ 测定次数	1	2	3
混合液的体积/mL			
初读数/mL			
末读数/mL			
消耗数 V_1/mL			
滴定管体积校正值/mL			
温度/℃			
温度校正值/mL			
温度校正后的值/mL			
实际消耗 EDTA 标准溶液体积 $V_{1Pb^{2+}}$/mL			
消耗 EDTA 标液体积 $V_{总}$/mL			
滴定管体积校正值/mL			
温度校正值/mL			
温度校正后的值/mL			
实际消耗 EDTA 标准溶液体积 $V_{总Bi^{3+}}$/mL			
标准溶液浓度 c_{EDTA}/(mol/L)			
Pb^{2+}密度/(g/L)			
Pb^{2+}平均密度/(g/L)			
Bi^{3+}密度/(g/L)			
Bi^{3+}平均密度/(g/L)			
计算公式			
备注			

3. 运算过程

（1）EDTA 标准溶液的浓度

（2）Pb^{2+}、Bi^{3+} 的连续测定

七、思考题

1. 滴定 Bi^{3+} 时要控制溶液 pH≈1，酸度过低或过高对测定结果有何影响？实验中是如何控制这个酸度的？

2. 本实验能否在同一份溶液中先滴定 Pb^{2+}，而后滴定 Bi^{3+}？

实验十五　高锰酸钾溶液的配制和
标定、过氧化氢含量的测定

一、实验目的

（1）了解高锰酸钾标准溶液的配制方法和保存条件。

（2）掌握以 $Na_2C_2O_4$ 为基准物标定高锰酸钾溶液浓度的方法、原理及滴定条件。

（3）掌握用高锰酸钾法测定过氧化氢含量的原理和方法。

二、实验原理

市售的高锰酸钾常含有少量杂质，如硫酸盐、硝酸盐及氯化物等，所以不能用准确称量高锰酸钾来直接配制准确浓度的溶液。$KMnO_4$ 是强氧化剂，易与水中的有机物，空气中的尘埃及氨等还原性物质作用；$KMnO_4$ 能自行分解，其分解反应如下：

$$4KMnO_4+2H_2O == 4MnO_2+4KOH+3O_2\uparrow$$

分解速度随溶液的 pH 值而变化。在中性溶液中分解很慢，但 Mn^{2+} 和 MnO_2 能加速 $KMnO_4$ 的分解，见光则分解更快。由此可知，$KMnO_4$ 溶液的浓度容易改变，必须正确地配制和保存。

一般情况下，配制 $KMnO_4$ 时先将 $KMnO_4$ 溶解，再进行煮沸，放置两周后进行过滤，再进行标定。标定 $KMnO_4$ 溶液常用 $Na_2C_2O_4$ 作基准物。$Na_2C_2O_4$ 不含结晶水，容易精制。在 H_2SO_4 溶液中，用 $Na_2C_2O_4$ 标定 $KMnO_4$ 溶液的反应如下：

$$2MnO_4^-+5C_2O_4^{2-}+16H^+ == 2Mn^{2+}+10CO_2\uparrow+8H_2O$$

适当加热可加快反应速度并获得准确结果。滴定时可利用 $KMnO_4$ 本身的颜色变化来指示滴定终点。

过氧化氢的含量可用高锰酸钾法测定。在酸性溶液中 H_2O_2 很容易被 $KMnO_4$ 氧化，其反应式如下：

$$5H_2O_2+2MnO_4^-+6H^+ == 2Mn^{2+}+8H_2O+5O_2\uparrow$$

开始反应时速度较慢，滴入第 1 滴 $KMnO_4$ 溶液时溶液不容易褪色，待生成 Mn^{2+} 之后，

由于 Mn^{2+} 的催化，加快了反应速度，故能一直顺利地滴定到终点。根据 $KMnO_4$ 标准溶液的浓度和滴定时消耗的体积，即可计算溶液中 H_2O_2 的含量。

三、试剂

$KMnO_4$（固体）、$Na_2C_2O_4$ 基准物质、3mol/L H_2SO_4 溶液、1mol/L $MnSO_4$ 溶液、H_2O_2 样品、市售约为 30% H_2O_2 水溶液。

四、实验步骤

1. 0.1mol/L $\frac{1}{5}KMnO_4$ 溶液的配制

称取计算量的 $KMnO_4$ 溶于适量的水中，盖上表面皿，加热煮沸 20~30min，冷却后在暗处放置 7~10d，然后用玻璃砂芯漏斗或玻璃纤维过滤除去 MnO_2 等杂质，滤液储存于洁净的玻璃塞棕色瓶中，放置暗处保存。如果溶液经煮沸并在水浴上保温 1h，冷却后过滤，则不必长期放置，就可以标定其浓度。

2. 0.1mol/L $\frac{1}{5}KMnO_4$ 溶液的标定

准确称取＿＿＿＿g 基准 $Na_2C_2O_4$ 于 250mL 锥形瓶中，加 50mL 水使之溶解，加 3mol/L H_2SO_4 溶液 10mL，并加热至 75~85℃（即开始冒蒸气时的温度）趁热用待标定的 $KMnO_4$ 溶液进行滴定。开始滴定反应速度很慢，待溶液中产生 Mn^{2+} 后，反应速度加快，但滴定时仍必须逐滴加入。如此小心滴至溶液呈微红色，30s 不褪色即为终点。注意滴定结束时的温度不应低于 60℃。行测 3 次，根据滴定时所消耗 $KMnO_4$ 溶液的体积和基准物的质量，即可计算出 $KMnO_4$ 溶液的准确浓度。

$$c_{\frac{1}{5}KMnO_4}=\frac{m_{Na_2C_2O_4}\times1000}{V_{\frac{1}{5}KMnO_4}\times M_{\frac{1}{2}Na_2C_2O_4}}$$

式中 $c_{\frac{1}{5}KMnO_4}$——$\frac{1}{5}KMnO_4$ 的浓度，mol/L；

$m_{Na_2C_2O_4}$——$Na_2C_2O_4$ 的质量，g；

$V_{\frac{1}{5}KMnO_4}$——$\frac{1}{5}KMnO_4$ 消耗的体积，mL；

$M_{\frac{1}{2}Na_2C_2O_4}$——$\frac{1}{2}Na_2C_2O_4$ 的摩尔质量，g/mol。

3. H_2O_2 含量的测定

用移液管移取 H_2O_2 试样 1.00mL，置于 100mL 容量瓶中，加水稀释至刻度，充分混和均匀。用移液管移取稀释液 20.00mL 于 250mL 锥形瓶中，加 3mol/L H_2SO_4 溶液 5mL 及 1mol/L $MnSO_4$ 溶液 2~3 滴，用 0.1mol/L $\frac{1}{5}KMnO_4$ 标准溶液滴定至溶液呈微红色，30s 不褪色即为终点。根据 $KMnO_4$ 标准溶液的浓度和滴定过程中所消耗的体积，计算试样中 H_2O_2 的含量。

$$\rho_{H_2O_2}=\frac{c_{\frac{1}{5}KMnO_4}\times V_{\frac{1}{5}KMnO_4}\times M_{\frac{1}{2}H_2O_2}}{V_{H_2O_2试样}\times\frac{20}{100}}$$

式中 $c_{\frac{1}{5}KMnO_4}$——$\frac{1}{5}KMnO_4$ 的浓度，mol/L；

$V_{\frac{1}{5}KMnO_4}$———$\frac{1}{5}KMnO_4$ 消耗的体积，mL；

$M_{\frac{1}{2}H_2O_2}$———$\frac{1}{2}H_2O_2$ 的摩尔质量，g/mol；

$V_{H_2O_2 试样}$———H_2O_2 试样的体积，mL。

五、附注

（1）$KMnO_4$ 溶液在加热及放置时，均应盖上表面皿，以免尘埃及有机物等落入。

（2）$KMnO_4$ 作氧化剂通常是在酸性溶液中进行反应的。在滴定过程中若发现棕色浑浊，这是酸度不足而引起的，应立即加入 H_2SO_4，如已经到达终点，此时加 H_2SO_4 已无效，应重做实验。

（3）$KMnO_4$ 与 $Na_2C_2O_4$ 反应速度较慢。滴定开始时加入 1 滴 $KMnO_4$ 溶液后，溶液褪色较慢，要待粉红色褪去后，才能加第 2 滴；由于生成的 Mn^{2+} 的催化作用，反应越来越快，滴定速度可稍快些。接近终点时必须缓慢滴定，以防过量。

（4）$KMnO_4$ 滴定终点不太稳定，这是由于空气中含有还原性气体及尘埃等杂质，能使 $KMnO_4$ 慢慢分解，而使微红色消失，所以经过 30s 不褪色即可认为已到达终点。

（5）加热可使反应加快，但不应热至沸腾，否则会引起部分草酸分解，滴定时的适宜温度为 75~85℃。在滴定到终点时溶液的温度应不低于 60℃。

（6）$KMnO_4$ 色深，液面弯月面不易看出，读数时应以液面的最高线为准。（即读液面的边缘）。

六、实验数据记录与处理

1. 高锰酸钾标准滴定溶液的标定

高锰酸钾标准滴定溶液标定数据记录于表 5-23。

表 5-23　实验记录表

记录项目	测定次数	1	2	3	重做
基准物称量/g	倾样前质量				
	倾样后质量				
	$Na_2C_2O_4$ 质量				
移取试样的体积/mL					
滴定管初读数/mL					
滴定管终读数/mL					
滴定消耗 $\frac{1}{5}KMnO_4$ 体积/mL					
滴定管体积校正值/mL					
溶液温度/℃					
温度补正值					
溶液温度校正值/mL					
实际消耗 $\frac{1}{5}KMnO_4$ 体积/mL					
空白实验/mL					

记录项目　　　　　测定次数	1	2	3	重做
$c/(\text{mol/L})$				
$\bar{c}/(\text{mol/L})$				
相对极差/%				

2. 双氧水含量的测定

双氧水含量测定数据记于表5-24。

表5-24　实验记录表

记录项目　　　　　测定次数	1	2	3	重做
$V_{H_2O_2}$试样/mL		1.00		
$V_{H_2O_2}$稀释后/mL	20.00	20.00	20.00	
滴定管初读数/mL				
滴定管终读数/mL				
滴定消耗$\frac{1}{5}$KMnO$_4$体积/mL				
滴定管体积校正值/mL				
溶液温度/℃				
温度补正值				
溶液温度校正值/mL				
实际消耗$\frac{1}{5}$KMnO$_4$体积/mL				
空白试验/mL				
$\bar{c}/(\text{mol/L})$				
$\rho_{H_2O_2}/(\text{g/L})$				
$\bar{\rho}_{H_2O_2}/(\text{g/L})$				
相对极差/%				

3. 计算过程

（1）高锰酸钾标准滴定溶液的标定

（2）双氧水含量的测定

七、思考题

1. 配制 KMnO$_4$ 溶液时，为什么要把 KMnO$_4$ 溶液煮沸？配好的 KMnO$_4$ 溶液为什么要过滤后才能保存？能否用滤纸过滤？

2. 用 $Na_2C_2O_4$ 标定 $KMnO_4$ 溶液时，应注意哪些反应条件？

3. 标定 $KMnO_4$ 溶液时，为什么第 1 滴 $KMnO_4$ 溶液加入后红色褪去很慢，以后褪色较快？

4. 用 $KMnO_4$ 法测定 H_2O_2 时，为什么不能用 HNO_3 或 HCl 来控制溶液的酸度？

实验十六　硫代硫酸钠溶液的配制和标定、硫酸铜含量的测定

一、实验目的

（1）掌握硫代硫酸钠标准溶液的配制和标定方法。

（2）掌握直接碘量法和间接碘量法的测定原理及条件。

（3）熟悉碘量瓶的使用。

二、实验原理

结晶硫代硫酸钠一般含有杂质，如 S、Na_2SO_4、Na_2SO_3、$NaCl$ 等，在空气中又易风化和潮解，所以，$Na_2S_2O_3$ 标准溶液不能用直接法配制。

$Na_2S_2O_3$ 易受水中溶解的 CO_2、空气和微生物的作用而分解，所以应用新煮沸并冷却的蒸馏水来配制。$Na_2S_2O_3$ 在酸性溶液中极不稳定，在 pH＝9～10 之间最稳定，所以在配制标准溶液时需加入少量 Na_2CO_3，以防止 $Na_2S_2O_3$ 分解。日光也能促进 $Na_2S_2O_3$ 分解，故 $Na_2S_2O_3$ 标准溶液应储存于棕色瓶中并置于暗处保存。长期使用的 $Na_2S_2O_3$ 标准溶液要定期标定。

标定 $Na_2S_2O_3$ 溶液的基准试剂有纯 I_2、KIO_3、$K_2Cr_2O_7$ 等，其中使用 $K_2Cr_2O_7$ 最方便，结果也相当准确。$K_2Cr_2O_7$ 先与过量的 KI 反应，析出的 I_2 再用 $Na_2S_2O_3$ 溶液滴定，以淀粉为指示剂，其反应为：

$$Cr_2O_7^{2-}+6I^-+14H^+ \Longrightarrow 2Cr^{3+}+3I_2+7H_2O$$

$$I_2+2S_2O_3^{2-} \Longrightarrow S_4O_6^{2-}+2I^-$$

测定硫酸铜可用间接碘量法。在弱酸性溶液中，Cu^{2+} 与过量 KI 作用生成 CuI 沉淀，同时析出 I_2，其反应为：

$$2Cu^{2+}+4I^- \Longrightarrow 2CuI \downarrow +I_2$$

析出的 I_2 以淀粉为指示剂，用 $Na_2S_2O_3$ 标准溶液滴定。根据 $Na_2S_2O_3$ 溶液的用量计算试样中铜的含量。

三、试剂

$Na_2S_2O_3 \cdot 5H_2O$ 固体，Na_2CO_3 溶液，KI 固体或 10% 溶液、$K_2Cr_2O_7$ 基准物质、6mol/L HCl 溶液、1% 新鲜配制淀粉溶液、硫酸铜试样。

四、实验步骤

1. 0.1mol/L $Na_2S_2O_3$ 溶液的配制

称取 6.5g $Na_2S_2O_3 \cdot 5H_2O$，溶于 250mL 新煮沸的冷蒸馏水中，加少许 Na_2CO_3，保存于棕色瓶中，置于暗处，放置两周后进行标定。

2. $Na_2S_2O_3$ 标准溶液的标定

准确称取基准 $K_2Cr_2O_7$ 试剂_____ g 三份，分别置于三个 250mL 碘量瓶中，加纯水

25mL 使其溶解。取其中一个碘量瓶加 5mL 6mol/L HCl 溶液和 2gKI 固体（或 10mL 10%KI 溶液），盖上瓶塞轻轻摇匀，以少量水封住瓶口，于暗处放置 5min。然后用洗瓶冲洗瓶塞及瓶内壁，再加入 50mL 蒸馏水，立即用待标定的 $Na_2S_2O_3$ 溶液滴定到溶液呈浅黄绿色。加入 3mL 淀粉指示剂，继续滴定至溶液由蓝色变为亮绿色，即为终点。

按同样的方法处理和滴定另外两份。计算 $Na_2S_2O_3$ 标准溶液的准确浓度。

$$c_{Na_2S_2O_3}=\frac{m_{K_2Cr_2O_7}\times1000}{V_{Na_2S_2O_3}\times M_{\frac{1}{6}K_2Cr_2O_7}}$$

式中　$c_{Na_2S_2O_3}$——$Na_2S_2O_3$ 标准溶液的浓度，mol/L；

$m_{K_2Cr_2O_7}$——$K_2Cr_2O_7$ 基准试剂的质量，g；

$V_{Na_2S_2O_3}$——滴定消耗 $Na_2S_2O_3$ 标准溶液的体积，mL；

$M_{\frac{1}{6}K_2Cr_2O_7}$——$\frac{1}{6}K_2Cr_2O_7$ 的摩尔质量，g/mol。

3. 硫酸铜含量的测定

称取硫酸铜试样 0.45~0.50g（称准至 0.0001g）于 250mL 碘量瓶中，加 1mol/L H_2SO_4 5mL，加 100mL 水溶解，再加入 10% KI 溶液 10mL（或 2gKI）摇匀。稍放置后用 $Na_2S_2O_3$ 标准溶液滴定至溶液呈浅黄色，加入 3mL 淀粉溶液继续用 $Na_2S_2O_3$ 滴定至蓝色消失即为终点。

平行测定 3 份。根据 $Na_2S_2O_3$ 标准溶液的用量计算硫酸铜或铜的含量。

$$\omega_{CuSO_4\cdot5H_2O}=\frac{\bar{c}_{Na_2S_2O_3}\times V_{Na_2S_2O_3}\times M_{CuSO_4\cdot5H_2O}}{m_s\times1000}\times100\%$$

式中　$\omega_{CuSO_4\cdot5H_2O}$——试样中铜的含量，%；

$\bar{c}_{Na_2S_2O_3}$——$Na_2S_2O_3$ 标准溶液的平均浓度，mol/L；

$V_{Na_2S_2O_3}$——滴定消耗 $Na_2S_2O_3$ 标准溶液的体积，mL；

$M_{CuSO_4\cdot5H_2O}$——$CuSO_4\cdot5H_2O$ 的摩尔质量，g/mol；

m_s——硫酸铜试样的质量，g。

五、附注

（1）操作条件对滴定碘法的准确度影响很大。为了防止碘的挥发和碘离子的氧化，必须严格按分析规程谨慎操作。

（2）在合适的酸度条件下 $K_2Cr_2O_7$ 与过量 KI 的定量反应大约需 5min 才能完全。

（3）淀粉溶液应在接近终点前加入，否则大量的 I_2 与淀粉结合成蓝色物质不易与 $Na_2S_2O_3$ 反应，使滴定产生误差。

（4）滴定至终点后，如果经过 5~10min 后溶液又变蓝，这是由于空气氧化 I^- 为 I_2 所致。如果溶液很快且不断变蓝，说明溶液稀释过早，$K_2Cr_2O_7$ 与 KI 作用不完全，应重新标定。

（5）滴定生成的 Cr^{3+} 显绿色，妨碍终点观察，滴定前稀释，既可降低 Cr^{3+} 浓度，又可降低酸度，适于用 $Na_2S_2O_3$ 滴定。

六、实验数据记录与处理

1. 硫代硫酸钠标准滴定溶液的标定

硫代硫酸钠标准滴定溶液数据记录于表 5-25。

2. $CuSO_4\cdot5H_2O$ 含量的测定

$CuSO_4\cdot5H_2O$ 含量测定结果记于表 5-26。

表 5-25　实验记录表

记录项目 \ 测定次数		1	2	3	重做
基准物称量/g	倾样前质量				
	倾样后质量				
	$K_2Cr_2O_7$ 质量				
滴定管初读数/mL					
滴定管终读数/mL					
滴定消耗 $Na_2S_2O_3$ 体积/mL					
滴定管体积校正值/mL					
溶液温度/℃					
温度补正值					
溶液温度校正值/mL					
实际消耗 $Na_2S_2O_3$ 体积/mL					
空白实验/mL					
c/(mol/L)					
$\bar{c}$/(mol/L)					
相对极差/%					

表 5-26　实验记录表

记录项目 \ 测定次数		1	2	3	重做
基准物称量/g	倾样前质量				
	倾样后质量				
	$CuSO_4 \cdot 5H_2O$ 质量				
滴定管初读数/mL					
滴定管终读数/mL					
滴定消耗 $Na_2S_2O_3$ 体积/mL					
滴定管体积校正值/mL					
溶液温度/℃					
温度补正值					
溶液温度校正值/mL					
实际消耗 $Na_2S_2O_3$ 体积/mL					
空白试验/mL					
$\bar{c}$/(mol/L)					
$\omega_{CuSO_4 \cdot 5H_2O}$/(g/kg)					
$\bar{\omega}_{CuSO_4 \cdot 5H_2O}$/(g/kg)					
相对极差/%					

3. 计算过程

（1）$Na_2S_2O_3$标准滴定溶液的标定

（2）$CuSO_4 \cdot 5H_2O$ 含量的测定

七、思考题

1. 配制和保存 $Na_2S_2O_3$ 标准溶液应注意哪些问题？为什么？本实验采取了哪些措施？

2. 用 $K_2Cr_2O_7$ 标定 $Na_2S_2O_3$ 溶液时为什么要加入过量的 KI 和 HCl 溶液？为什么要放置 5min 后才加水稀释？

3. 本实验的 3 份溶液是否可同时加入 KI，然后一一滴定？

4. 在测定铜的含量时，为什么要把溶液的 pH 值调节到 3~4 之间？酸度太高或太低，对测定有何影响？

实验十七　硝酸银标准溶液的配制与标定、自来水中氯含量的测定（莫尔法）

一、实验目的

（1）掌握 $AgNO_3$ 标准溶液的配制及标定方法。

（2）掌握莫尔法的测定原理及方法。

二、实验原理

某些可溶性氯化物或自来水中氯含量的测定常采用莫尔法。此方法是在中性或弱碱性溶液中，以 K_2CrO_4 为指示剂，以 $AgNO_3$ 为标准溶液进行滴定。由于 AgCl 的溶解度比 Ag_2CrO_4 小，因此溶液中首先析出 AgCl 沉淀，当 AgCl 定量沉淀后，过量的 $AgNO_3$ 溶液即与 CrO_4^{2-} 离子生成 Ag_2CrO_4 沉淀，指示终点的到达。反应式如下：

$$Ag^+ + Cl^- \Longrightarrow AgCl\downarrow（白色）$$
$$2Ag^+ + CrO_4^{2-} \Longrightarrow Ag_2CrO_4\downarrow（砖红色）$$

滴定必须在中性或弱碱性溶液中进行，最适宜 pH 值范围为 6.5~10.5。酸度过高，不产生 Ag_2CrO_4 沉淀，过低则形成 Ag_2O 沉淀。

指示剂的用量对滴定终点的准确判断有影响，一般以 5×10^{-3}mol/L 为宜。

三、试剂

$AgNO_3$ 固体、NaCl 基准物质、5%K_2CrO_3 溶液

四、实验步骤

1. 0.01mol/L $AgNO_3$ 溶液的配制与标定

$AgNO_3$ 标准溶液可以直接用干燥的基准 $AgNO_3$ 来配制。但一般采用标定法。标定 $AgNO_3$

溶液最常用的基准物质是 NaCl。

称取 AgNO$_3$＿＿＿＿ g，溶于 250mL 水，摇匀后，储存于带玻璃塞的棕色试剂瓶中。准确称取＿＿＿＿ g 烘干过后的基准试剂 NaCl 于小烧杯中，溶解后定量转移到 200mL 容量瓶中，稀释至刻度。取此溶液 20.00mL 3 份，分别置于 250mL 锥形瓶中，加水 25mL，加 8 滴 5% K$_2$CrO$_4$ 溶液，在充分摇动下，用 AgNO$_3$ 溶液滴定至溶液呈微砖红色即为终点，记下 AgNO$_3$ 溶液的体积，平行测定 3 次，并做空白。根据 NaCl 的质量和 AgNO$_3$ 溶液的体积计算 AgNO$_3$ 溶液的准确浓度。

$$c_{AgNO_3} = \frac{m_{NaCl} \times \frac{20}{200} \times 1000}{V_{AgNO_3} \times M_{NaCl}}$$

式中　c_{AgNO_3}——AgNO$_3$ 标准溶液的浓度，mol/L；

　　　m_{NaCl}——NaCl 基准试剂的质量，g；

　　　V_{AgNO_3}——滴定消耗 AgNO$_3$ 标准溶液的体积，mL；

　　　M_{NaCl}——NaCl 的摩尔质量，g/mol。

2. 自来水中氯含量的测定

准确移取 100.00mL 自来水试样 3 份，分别置于 250mL 锥形瓶中加 5% K$_2$CrO$_4$ 指示剂 1mL，充分摇动，用 AgNO$_3$ 标准溶液滴定至溶液呈砖红色，即为终点。平行测定 3 次。根据 AgNO$_3$ 标准溶液的浓度和滴定用去的体积，计算自来水样品中氯的含量。

$$\rho_{Cl^-} = \frac{\bar{c}_{AgNO_3} \times V_{AgNO_3} \times M_{Cl^-} \times 1000}{V_{自}}$$

式中　ρ_{Cl^-}——水样中氯的含量，mg/L；

　　　$\bar{c}_{AgNO_3}$——AgNO$_3$ 标准溶液的平均浓度，mol/L；

　　　V_{AgNO_3}——滴定消耗 AgNO$_3$ 标准溶液的体积，mL；

　　　M_{Cl^-}——氯的摩尔质量，g/mol；

　　　$V_{自}$——自来水样的体积，mL。

五、附注

（1）配制 AgNO$_3$ 溶液用的蒸馏水，不能含有氯离子。配好的 AgNO$_3$ 溶液应储存于棕色瓶中，滴定时使用棕色酸式滴定管。

（2）如果 pH>10.5，产生 Ag$_2$O 沉淀。pH<6.5 时则大部分 CrO$_4^{2-}$ 转变成 Cr$_2$O$_7^{2-}$，使终点推迟出现。如果有铵盐存在，为了避免产生 Ag(NH$_3$)$_2^+$，滴定时溶液的 pH 值应控制在 6.5~7.0 的范围内，当 NH$_4^+$ 的浓度大于 0.1mol/L 时，便不能用莫尔法进行测定。

六、实验数据记录与处理

1. 硝酸银标准滴定溶液的标定

硝酸银标准滴定溶液的标定结果数据记录于表 5-27。

2. 自来水中 Cl$^-$ 含量的测定

自来水中 Cl$^-$ 含量的测定结果记录于表 5-28。

表 5-27　实验记录表

记录项目	测定次数	1	2	3	重做
基准物称量/g	倾样前质量				
	倾样后质量				
	NaCl 质量				
移取试样的体积/mL					
滴定管初读数/mL					
滴定管终读数/mL					
滴定消耗 $AgNO_3$ 体积/mL					
滴定管体积校正值/mL					
溶液温度/℃					
温度补正值					
溶液温度校正值/mL					
实际消耗 $AgNO_3$ 体积/mL					
空白实验/mL					
$c/(mol/L)$					
$\bar{c}/(mol/L)$					
相对极差/%					

表 5-28　实验记录表

项目	测定次数	1	2	3	重做
$V_{自来水}$/mL		100.00	100.00	100.00	
滴定管初读数/mL					
滴定管终读数/mL					
滴定消耗 $AgNO_3$ 体积/mL					
滴定管体积校正值/mL					
溶液温度/℃					
温度补正值					
溶液温度校正值/mL					
实际消耗 $AgNO_3$ 体积/mL					
空白试验/mL					
$\bar{c}/(mol/L)$					
$\rho_{Cl^-}/(mg/L)$					
$\bar{\rho}_{Cl^-}/(mg/L)$					
相对极差/%					

3. 计算过程

（1）$AgNO_3$标准滴定溶液的标定

（2）自来水中 Cl^- 含量的测定

七、思考题

1. 滴定中试液的酸度宜控制在什么范围？为什么？有 NH_4^+ 存在时，在酸度控制上为什么要有所不同？

2. 滴定中对 K_2CrO_4 指示剂的用量是否要控制？为什么？

3. 在滴定过程中为什么要充分摇动溶液，如果不充分摇动，对测定结果有何影响？

实验十八　　$BaCl_2 \cdot 2H_2O$ 中钡的测定

一、实验目的

（1）测定试剂 $BaCl_2 \cdot 2H_2O$ 中钡的含量。

（2）掌握沉淀、过滤、洗涤及灼烧等重量分析基本操作技术。

（3）加深理解晶形沉淀的沉淀理论。

二、实验原理

测定 $BaCl_2 \cdot 2H_2O$ 中钡的含量，利用下式反应：

$$Ba^{2+}+SO_4^{2-}=\!=\!=BaSO_4\downarrow$$

$BaSO_4$是典型的晶形沉淀。沉淀初生成时常是细小的晶体，在过滤时易透过滤纸。因此，为了得到比较纯净而较粗大的 $BaSO_4$ 晶体，在沉淀 $BaSO_4$ 时，应特别注意选择有利于形成粗大晶体的沉淀条件。测定步骤概括如下：

$BaCl_2 \cdot 2H_2O$ 试样 $\xrightarrow{\text{称量}}$ $\xrightarrow[\text{稀释}]{\text{加水溶解}}$ $\xrightarrow{\text{加稀 HCl}}$ $\xrightarrow{\text{加热近沸}}$ $\xrightarrow[\text{不断搅拌}]{\text{缓慢地加入热的稀 } H_2SO_4}$ $\xrightarrow{\text{陈化}}$ $\xrightarrow{\text{过滤}}$

$\xrightarrow[\text{放到坩埚中}]{\text{将沉淀定量转移}}$ $\xrightarrow{\text{干燥}}$ $\xrightarrow{\text{灼烧}}$ $\xrightarrow{\text{冷却}}$ $\xrightarrow{\text{称量}}$ 直至恒重

当沉淀从溶液中析出时，由于其沉淀现象使沉淀沾污，如 NO_3^-、ClO_3^- 和 Cl^- 等阴离子常以钡盐的形式共沉淀，而碱金属离子，Ca^{2+} 和 Fe^{3+} 等阳离子常以硫酸盐或硫酸氢盐的形式共沉淀。至于在实验中哪些离子共沉淀及其影响的大小，取决于杂质离子的浓度及其所形成沉淀的性质，如溶解度、离解度等。

加入 HCl，一方面为了防止产生碳酸钡、磷酸钡、氢氧化钡等共沉淀；另一方面降低溶液中 SO_4^{2-} 的浓度，有利于获得较粗大的晶形沉淀。测定 Ba^{2+} 时，选用稀 H_2SO_4 作沉淀剂，为了使 $BaSO_4$ 沉淀完全，H_2SO_4 必须过量。

由于高温灼烧时 H_2SO_4 可挥发除去，沉淀带下的 H_2SO_4 不致引入误差，因此，沉淀剂用量可过量 50% ~ 100%。

三、仪器和试剂

（1）仪器：称量瓶 1 个、150mL 烧杯 1 个、250mL 和 400mL 烧杯各 2 个、9cm 表面皿 2 块、10mL 和 100mL 量筒各 1 个、小试管 2 个、玻璃棒 2 根、漏斗架、长颈漏斗 2 个、坩埚 2 个、坩埚钳、干燥器、定量滤纸 2 张。

（2）试剂：$BaCl_2 \cdot 2H_2O$（固体）、2mol/L HCl、2mol/L H_2SO_4、2mol/L HNO_3、0.01mol/L $AgNO_3$。

四、实验步骤

本实验做两份平行测定。

1. 试样的称取及溶解

取一干燥洁净的称量瓶，在台称上称取约 1.0g $BaCl_2 \cdot 2H_2O$，再在分析天平上准确称量。将约一半（0.4 ~ 0.6g）的固体，倒入洁净的 250mL 烧杯（烧杯应洗涤到内壁不挂水珠，并在烧杯上分别编号）中，再称量剩余的固体及称量瓶质量，两次质量之差，即为倒入烧杯中试样的质量。然后从剩余的固体中再倒出约 0.4 ~ 0.6g 至另一烧杯中，称量剩余的固体及称量瓶重，即得第 2 份试样的质量。分别用约 100mL 蒸馏水溶解。

2. 用 H_2SO_4 沉淀 Ba^{2+}

（1）在所得的第一份溶液中加入 3mL 2mol/L HCl，用小火加热至近沸（不使溶液沸腾，因为产生的蒸气可能把液滴带走或引起液体飞溅而使溶液损失）。

（2）在另一个 150mL 烧杯中，放入 3 ~ 5mL 2mol/L H_2SO_4 用 30mL 蒸馏水稀释，加热近沸。

（3）左手用滴管将 H_2SO_4 热溶液逐滴地（开始大约每秒钟加入 2 ~ 3 滴，待有较多沉淀析出时可稍快些）加入氯化钡热溶液中，同时右手持玻璃不断地搅拌。搅拌时玻璃棒不要碰烧杯底或内壁以免划损烧杯，且使沉淀黏附在烧杯壁上，难以洗下，待只剩下数滴 H_2SO_4 后，用表面皿将烧杯盖好，静置数分钟。

（4）当沉淀沉积于烧杯底时，沿烧杯壁加入 1 ~ 2 滴 H_2SO_4 溶液，检验 Ba^{2+} 是否沉淀完全。如果上层清液中有浑浊出现，必须再加入 H_2SO_4 溶液，直到沉淀完全为止。然后将烧杯用表面皿盖好（不要取出玻璃棒，为什么？）。

取第 2 份溶液，按上述步骤进行沉淀。沉淀完毕后，放置陈化到下次实验。放置时间不少于 12h。

3. 空坩埚的灼烧和恒重

取两个洁净、干燥的坩埚放入已恒温的马弗炉中灼烧，灼烧温度为 800 ~ 850℃。第一次灼烧时间为 30min，坩埚冷却至室温（时间为 30min），然后迅速进行称量，重复灼烧 15 ~ 20min，冷却 30min，再称量，直到恒重。

4. 沉淀的过滤和洗涤

（1）滤器的装置

取一张致密的无灰滤纸，折叠好放在漏斗中并形成"水柱"。将漏斗放在漏斗架上，漏斗下放一洁净的 400mL 烧杯接收滤液。

（2）用倾注法过滤和洗涤

配制 400mL 洗涤液（每 100mL 水中加入 2mol/L H_2SO_4 溶液 2mL），先将沉淀上层清液倾注在滤纸上,再用倾注法洗涤沉淀 3 次,每次用洗涤液约 10mL(为什么用稀的 H_2SO_4 溶液洗涤?)。然后把沉淀定量地转移到滤纸上,继续用少量稀 H_2SO_4 洗涤 7~8 次,并使沉淀集中在滤纸圆锥体的底部。

用洁净的试管接取滤液数滴,加 2 滴稀 HNO_3、1 滴 $AgNO_3$ 溶液,观察是否有白色 AgCl 浑浊出现。沉淀必须洗涤到滤液中不含 Cl^- 为止。

5. 沉淀的灼烧和称量

小心取出装有沉淀的滤纸,包好后放入已灼烧到恒重的空坩埚内。先在电炉上加热,待滤纸灰化后,在 800~850℃ 的马弗炉内灼烧。然后冷却、称量、直至恒重。

五、附注

灼烧 $BaSO_4$ 沉淀时的注意事项:

(1) 在滤纸未灰化前,温度不要太高,以免沉淀颗粒随火焰飞散;

(2) 滤纸灰化时空气要充足,否则硫酸盐易被滤纸中的碳还原。反应如下:

$$BaSO_4+4C = BaS+4CO\uparrow$$

$$BaSO_4+2C = BaS+2CO_2\uparrow$$

如果发生这种现象,将使结果偏低;

(3) 灼烧温度不能太高。如超过 900℃,$BaSO_4$ 也会被碳还原。如超过 950℃,部分 $BaSO_4$ 将按下式分解。

$$BaSO_4 = BaO+SO_3\uparrow$$

必须指出,在整个实验过程中,应使用同一台天平和同一盒砝码(为什么?)。

六、实验数据记录与处理

重量分析的结果,常以试样中被测组分的百分含量来表示。

本实验所测 $BaCl_2 \cdot 2H_2O$ 中钡的含量可根据所得 $BaSO_4$ 沉淀的质量和试样 $BaCl_2 \cdot 2H_2O$ 质量来计算。

因为 Ba 的质量($Ba/BaSO_4$)×$BaSO_4$ 的质量,式中($Ba/BaSO_4$)是被测组分的式量与称量形式的式量之比,它是一个常数。这一比值称为"化学因数"或"换算因数"。

试样中 Ba 的百分含量为:

$$Ba\% = \frac{\frac{Ba}{BaSO_4}\times BaSO_4 \text{ 的质量(g)}}{\text{试样的质量(g)}}\times 100\%$$

七、思考题

1. 本实验用稀 H_2SO_4 溶液作沉淀剂,能否改用 Na_2SO_4 其他硫酸盐?为什么?

2. 沉淀 $BaSO_4$ 时,为什么要在钡盐溶液中加少量稀 HCl?

3. 开始沉淀时,为什么要逐滴加入热的稀 H_2SO_4 溶液,还要不断搅拌?

4. 为什么洗涤沉淀时,每次用少量洗涤液,而洗涤的次数要多?为什么要等有一份洗涤液尽量流出后才加入下一份洗涤液?

5. 如果钡盐溶液中含有相同浓度的 NO_3^- 和 Cl^-,哪一种离子和 $BaSO_4$ 共沉淀较多?为什么?

6. 本实验 $BaCl_2 \cdot 2H_2O$ 试样称取 0.4~0.6g 是根据什么?如果称取更多或更少有什么关系?沉淀剂的用量是怎样计算的?为什么要稍过量?

7. 如果以 $BaCl_2$ 为沉淀剂测定 SO_4^{2-}，从以下列试剂中选择合适的洗涤剂洗涤 $BaSO_4$ 沉淀：①H_2O②$BaCl_2$③$H_2SO_4$④NH_4NO_3。

实验十九　氯化钡中结晶水的测定(气化法)

一、实验目的
(1) 掌握气化法测定结晶水的方法。
(2) 掌握恒重的概念及操作。

二、实验原理
用气化法测定 $BaCl_2 \cdot 2H_2O$ 试样中的结晶水。气化法是通过加热或其他方法使试样中某种挥发性组分逸出后，根据试样减轻的质量计算该组分的含量。例如，测定试样中湿存水或结晶水时，可将一定质量的试样在电热干燥箱中加热烘干除去水分，试样减少的质量即为所含水分的质量。

三、仪器与试剂
(1) 仪器：扁形称量瓶、电热干燥箱、干燥器。
(2) 试剂：$BaCl_2 \cdot 2H_2O$ 试样。

四、实验步骤
取洗净的扁形称量瓶 2 个，将瓶盖横放在瓶口上，置于干燥箱中在 125℃ 烘干 1h。取出放入干燥器中冷却至室温(约 20min)称量，再烘一次，冷却、称量，重复进行直至恒重(两次称量之差小于 0.2mg)。

将 1g 氯化钡试样放入已恒重的称量瓶中，盖上瓶盖，准确称量，然后将瓶盖斜立在瓶口上，于 125℃ 烘干 2h，取出稍冷，放入干燥器中冷却至室温，称量，再烘一次，冷却、称量，重复烘干称量，直至恒重。

五、实验数据记录与处理
实验数据记录于表 5-29。

表 5-29　$BaCl_2 \cdot 2H_2O$ 结晶水的测定

记录项目 ＼ 测定次数	1	2
空称量瓶质量/g		
(烘干前)称量瓶+试样质量/g		
试样质量/g		
(烘干后)称量瓶+试样质量/g		
水分质量/g		
结晶水含量/%		

$$H_2O\% = \frac{m_1 - m_2}{m} \times 100\%$$

式中　m_1——烘干前氯化钡试样与称量瓶质量，g；

m_2——烘干后氯化钡与称量瓶质量，g；

m——氯化钡质量，g。

六、思考题

1. 在称量分析中何谓恒重？应如何进行恒重？
2. 称试样的称量瓶为什么要事先烘干至恒重？
3. 为什么要在125℃烘干？过高或过低会造成什么影响？

实验二十　合金钢中镍的测定

一、实验目的

掌握丁二酮肟镍重量法测镍的原理和方法。

二、实验原理

镍是合金钢中的重要元素之一，可以增加钢的弹性、延展性、抗蚀性，使钢具有较高的机械性能。

镍在钢中主要以因熔体和碳化物的状态存在。大多数含镍的合金钢都溶于酸，生成Ni^{2+}在氨性溶液中与丁二酮肟生成鲜红色沉淀：

通常在 pH ≈ 8~9 的氨性溶液中进行沉淀，由于丁二酮肟为二元弱酸，用 H_2D 表示：

$$H_2D \underset{H^+}{\overset{OH^-}{\rightleftharpoons}} HD^- \overset{OH^-}{\longrightarrow} D^{2-}$$

其中，只有 HD^- 与 Ni^{2+} 反应生成的沉淀，可见酸度大时，使沉淀溶解度增大；但氨的浓度不能太大，否则生成镍氨铬离子而增大沉淀的溶解度。由于丁二酮肟在水中的溶解度小，但易溶于乙醇中，所以应在溶液中加入适量乙醇，以免丁二酮肟本身的共沉淀产生；但乙醇浓度过大，丁二酮肟镍沉淀的溶解度也会增大。实践证明，乙醇浓度为溶液总体积的33%为宜。

Cu^{2+} 和 Co^{2+} 与丁酮肟生成可溶性络合物，不仅消耗沉淀剂而且沉淀现象很严重。因此，可多加入一些沉淀剂并将溶液冲稀，在热溶液中进行沉淀，以减少共沉淀，必要时可将沉淀过滤，洗涤之后，用酸溶解，再沉淀。

三、仪器与试剂

(1) 仪器：恒温水浴锅、4 号微孔玻璃坩埚。

(2) 试剂：混合酸 HCl：HNO_3：H_2O = 3：2：1、酒石酸50%、柠檬酸50%、丁二酮肟1%乙酸溶液、氨水1：1、氨–氧化铵洗涤液、每100mL水中加1mL氨水和1g氯化铵、0.01mol/L $AgNO_3$溶液。

四、实验步骤

(1) 准确称取适量试样两份，分别置于500mL烧杯中，加入30mL混合酸，温热溶解，煮沸；各加入酒石酸溶液 10mL；滴加 1∶1 氨水呈碱性，溶液转变为蓝绿色；如有不溶物，应过滤除去，并用热的氨-氯化铵溶液洗涤数次，残渣弃去。

（2）滤液用 1∶1 盐酸酸化，加热水稀释至约 300mL，加热至 70~80℃加入适量的丁二酮肟沉淀剂（每毫克镍约需 1mL 沉淀剂，最后再多加 40~60mL），在不断搅拌下，滴加 1∶1 氨水，使溶液 pH＝8~9；在 70℃左右保温 30~40min。

（3）稍冷后用已恒重的 4 号微孔玻璃坩埚过滤，用微氨性的 2%的酒石酸溶液洗涤烧杯和沉淀 8~10 次，再用水洗涤沉淀至无 Cl⁻为止（HNO₃酸化后，以 AgNO₃溶液检验）。

（4）抽干后，在 110~120℃的烘箱中烘干 1h，移入干燥器中冷却至室温准确称重，再烘干、冷却、称量，直至恒重。

五、实验数据记录与处理

$$Ni\% = \frac{G \times 0.2032}{试样的质量} \times 100\%$$

式中　0.2032——丁二酮肟镍换算成镍的换算因数；

　　　　G——丁二酮肟镍沉淀的质量，g。

六、思考题

1. 丁二酮肟镍重量法测镍，应注意哪些沉淀条件？为什么？

2. 加入酒石酸或柠檬酸的作用是什么？加入过量沉淀剂并稀释的目的何在？

第六章 综合实验任务

情境一 食醋中总酸度的测定

一、实验目的
(1) 巩固所学的理论知识、基本操作技能和基本实验方法。
(2) 考查学生对所学知识的运用能力。

二、设计实验要求
1. 实验原理(反应式、测定方法滴定方式、指示剂及终点现象)。
2. 需用的仪器(规格、数量)、试剂(浓度及配制方法)。
3. 实验步骤。
4. 结果计算。
5. 实验数据处理(列表),并求相对平均偏差。

要求独立完成实验,并对实验结果加以讨论,完成实验报告。

三、注意事项
(1) 食醋的主要组分是乙酸,此外还含有少量的其他弱酸,如乳酸等。以酚酞作指示剂,用 NaOH 标准溶液滴定,测出的是食醋中的总酸量,以乙酸(g/100mL)来表示。

(2) 食醋中乙酸的含量一般为 3%~5%,浓度较大时,滴定前要适当稀释。稀释会使食醋本身颜色变浅,便于观察终点颜色变化,也可以选择白醋作试样。

(3) CO_2 的存在干扰测定,因此稀释食醋试样用的蒸馏水应经过煮沸。

情境二 样品中 Ni 含量的测定

一、知识基础
1. 配位滴定法的原理。
2. HSE 实验过程风险评估。

二、实验目标
1. 能够配制实验所需溶液。
2. 能够按要求进行溶液配制、移液、滴定等规范操作。
3. 能够准确标定 EDTA 的浓度。
4. 能够准确测定样品中 Ni 的含量。
5. 能够准确计算,进行数据处理并完成实训报告。

三、思政元素

四、实验仪器与试剂
(1) 仪器:滴定管、吸量管、容量瓶、锥形瓶、称量瓶、量筒、烧杯、电子天平、分析天平(实验中需要的仪器规格与数量由学生自己确定)。

(2)试剂：ZnO 基准试剂或分析纯试剂、EDTA、紫脲酸铵、铬黑 T、氨水、盐酸、NH_4Cl、含 Ni 未知样、去离子水(实验中用到的试剂均为分析纯试剂)。

五、设计实验要求

1. 该实验的原理(反应式、测定方法、滴定方式、指示剂及终点现象)。

2. 实验过程中 HSE 评估。

3. 需用试剂的准备。

(1)基准试剂 ZnO 的制备方法及注意事项。

(2)EDTA 溶液的配制和稀释。

(3)20%盐酸溶液，10%氨水的配制。

(4)NH_3-NH_4Cl 缓冲溶液(pH≈10)的配制。

(5)紫脲酸铵指示剂和铬黑 T 指示剂的配制。

4. 根据教师要求完成具体的实验步骤。

5. 学生独立完成数据记录表格的设计，并详细记录实验数据。

6. 数据计算、处理，并求出相对平均偏差和相对极差。

7. 形成完整的实验报告。

六、注意事项

(1)ZnO 基准试剂粉末极细，称量时要注意，防止飞撒损失。

(2)要根据 EDTA 与 ZnO 之间的计量关系进行计算，确定 EDTA 是否需要稀释后再标定。

(3)pH 值的调节是配位滴定的关键，该实验要注意使用氨水或盐酸进行 pH 值调节时不要过量，以防离子沉淀。

(4)加入铬黑 T 或紫脲酸铵指示剂时要注意观察颜色，指示剂配制效果不同，溶液颜色会有较大差别。

(5)测定 Ni 离子浓度时，要先用 EDTA 标准滴定溶液滴定至临近终点，再加入指示剂和缓冲溶液，临近终点值体积相差为 1~2mL。

(6)EDTA 的标定和含 Ni 溶液的测定都要注意终点颜色的判断。

七、总结(梳理、总结、延伸)

1. HSE 实验过程安全评估。

2. 所用试剂、指示剂的配制注意事项。

3. EDTA 浓度的稀释及标定过程中的计量换算。

4. Ni 测定过程中的颜色变化。

5. pH 值对 Ni 测定过程的影响。

参考方案：未知样中 Ni 含量的测定

一、EDTA 溶液的标定

准确称取 3 份 0.6g ZnO 基准试剂(精确至 0.0001g)于 100mL 小烧杯中，并用少量去离子水润湿，加入约 5mL 20% HCl 溶解后，转移至 250mL 容量瓶中，定容。移取 25.00mL 上述溶液于 250mL 的锥形瓶中，加入 75mL 去离子水，用 10% 氨水溶液调节溶液 pH 值至 7~8，加 10mL NH_3-NH_4Cl 缓冲溶液（pH≈10）及 5 滴铬黑 T（5g/L），用待标定的 EDTA 溶液滴定至溶液由紫色变为纯蓝色。平行测定 3 次，同时做 1 次空白实验。

使用公式（6-1）计算 EDTA 标准滴定溶液的浓度 $c_{(EDTA)}$，单位 mol/L。结果保留 4 位有效数字。

$$c_{(EDTA)} = \frac{m \times \left(\dfrac{V_1}{V}\right) \times 1000}{(V_2 - V_3) \times M} \tag{6-1}$$

式中　m——ZnO 的质量，g；

V——ZnO 定容后的体积，mL；

V_1——移取的 ZnO 溶液体积，mL；

V_2——ZnO 消耗的 EDTA 溶液体积，mL；

V_3——空白试验消耗的 EDTA 溶液体积，mL；

M——ZnO 的摩尔质量，g/mol，$M_{(ZnO)} = 81.408$g/mol。

对结果的精密度进行分析，以相对平均偏差 RMD 表示，结果精确至小数点后 2 位。计算公式如（6-2）所示：

$$RMD = \frac{\overline{d}}{\overline{X}} \times 100 \tag{6-2}$$

式中　$\overline{X}$——平行测定的平均值；

$\overline{d}$——平行测定 3 次的平均偏差，计算公式为：$\overline{d} = \dfrac{\sum\limits_{i=1}^{n} |X_i - \overline{X}|}{n}$。

二、未知样品中镍含量的测定

准确称取 3 份 2.0g 含 Ni 样品，精确至 0.0001g，加入 70mL 去离子水，再加 10mL NH_3-NH_4Cl 缓冲溶液（pH≈10）及 0.2g 紫脲酸铵混合指示剂，用上述已标定好的 EDTA 标准滴定溶液滴定至溶液呈蓝紫色，平行测定 3 次。

按式（6-3）计算出溶液样品中 Ni 的含量，计为浓度 ρ，单位为 g/kg。结果保留 4 位有效数字。

$$\rho = \frac{cV \times M}{S \times 1000} \times 1000 \tag{6-3}$$

式中　c——EDTA 标准滴定溶液浓度的准确数值，mol/L；

V——EDTA 标准滴定溶液浓度体积的数值，mL；

S——称取的样品质量，g；

M——Ni 的摩尔质量，g/mol，$M_{(Ni)} = 58.69$g/mol。

对结果的精密度进行分析，以相对极差 A（%）表示，结果精确至小数点后 2 位。计算公式如（6-4）所示：

$$A = \frac{X_1 - X_2}{\overline{X}} \times 100 \tag{6-4}$$

式中　X_1——平行测定的最大值；

X_2——平行测定的最小值；

$\overline{X}$——平行测定的平均值。

三、撰写报告

请完成一份报告，应包括：实验过程中必须做好的健康、安全、环保措施；实验中的物料计算和过程记录、数据处理、结果的评价和问题分析。

情境三　样品中 Co 含量的测定

一、知识基础

1. 配位滴定法的原理。

2. HSE 实验过程风险评估。

二、实验目标

1. 能够配制实验所需溶液。

2. 能够按要求进行溶液配制、移液、滴定等规范操作。

3. 能够准确标定 EDTA 的浓度。

4. 能够准确测定样品中 Co 的含量。

5. 能够准确计算，进行数据处理并完成实训报告。

三、思政元素

四、实验仪器与试剂

（1）仪器：滴定管、吸量管、容量瓶、锥形瓶、称量瓶、量筒、烧杯、电子天平、分析天平（实验中需要的仪器规格与数量由学生自己确定）。

（2）试剂：ZnO 基准试剂或分析纯试剂、EDTA、紫脲酸铵、铬黑 T、氨水、盐酸、NH_4Cl、含 Co 未知样、去离子水（实验中用到的试剂均为分析纯试剂）。

五、设计实验要求

1. 该实验的原理（反应式、测定方法、滴定方式、指示剂及终点现象）。

2. 实验过程中 HSE 评估。

3. 需用试剂的准备。该实验中包括：

（1）基准试剂 ZnO 的制备方法及注意事项。

（2）EDTA 溶液的配制和稀释。

（3）20%盐酸溶液，10%氨水的配制。

（4）NH_3–NH_4Cl 缓冲溶液（pH≈10）的配制。

（5）紫脲酸铵指示剂和铬黑指示剂的配制。

4. 根据教师要求完成具体的实验步骤。

5. 学生独立完成数据记录表格的设计，并详细记录实验数据。

6. 数据计算，处理，并求出相对平均偏差和相对极差。

7. 形成完整的实验报告。

六、注意事项

（1）~（4）同 Ni 含量的测定。

（5）测定 Co 离子浓度时，要先用 EDTA 标准滴定溶液滴定至临近终点，再加入指示剂和缓冲溶液，临近终点指体积相差为 1~2mL。

（6）EDTA 的标定和含 Co 溶液的测定都要注意终点颜色的判断。

七、总结(梳理、总结、延伸)

1. HSE 实验过程安全评估。

2. 所用试剂、指示剂的配制注意事项。

3. EDTA 浓度的稀释及标定过程中的计量换算。

4. Co 测定测定过程中的颜色变化。

5. pH 值对 Co 测定过程的影响。

参考方案：未知样中 Co 含量的测定

一、EDTA 溶液的标定

准确称取 3 份适量的 ZnO 基准试剂(精确至 0.0001g)于 100mL 小烧杯中，并用少量去离子水润湿，加入适量的 20% HCl 溶解后，转移至 250mL 容量瓶中，定容。移取 25.00mL 上述溶液于 250mL 的锥形瓶中，加 75mL 去离子水，用 10% 氨水溶液调节溶液 pH 值至 7~8，加 10mL NH_3-NH_4Cl 缓冲溶液(pH ≈ 10)及 5 滴铬黑 T(5g/L)，用待标定的 EDTA 溶液滴定至溶液由紫色变为纯蓝色。平行测定 3 次，同时做 1 次空白实验。

使用以公式(6-1)计算 EDTA 标准滴定溶液的浓度 $c_{(EDTA)}$，单位为 mol/L，结果保留 4 位有效数字。

以公式(6-2)对结果的精密度进行分析，以相对平均偏差 RMD 表示，结果精确至小数点后 2 位。

二、未知样品中钴含量的测定

准确移取 3 份 25.00mL 含 Co 样品，加入 50mL 去离子水，用盐酸溶液或氨水溶液调节溶液 pH 值至 7~8 后，用上述已标定好的 EDTA 标准滴定溶液滴定，在临近终点前，加入 10mL NH_3-NH_4Cl 缓冲溶液(pH ≈ 10)及 0.2g 紫脲酸铵混合指示剂，继续滴定至溶液呈紫红色。平行测定 3 次。允许预滴定 1 次。

按式(6-5)计算出溶液样品中 Co 的含量，记为浓度 ρ，单位为 g/L。结果保留 4 位有效数字。

$$\rho = \frac{cV \times M}{S \times 1000} \times 1000 \tag{6-5}$$

式中　M——钴的摩尔质量，g/mol，$M_{Co} = 58.93g/mol$。

其余符号意义同前。

以公式(6-4)对结果的精密度进行分析，以相对极差 $A(\%)$ 表示，结果精确至小数点后 2 位。

三、撰写报告

请完成一份报告，应包括：实验过程中必须做好的健康、安全、环保措施；实验中的物料计算和过程记录、数据处理、结果的评价和问题分析。

情境四 丙三醇含量的测定

一、知识基础

1. 氧化还原滴定法的原理。

2. HSE 实验过程风险评估。

二、实验目标

1. 能够配制实验所需溶液。

2. 能够按要求进行溶液配制、移液、滴定等规范操作。

3. 能够准确标定 $Na_2S_2O_3$ 溶液的浓度。

4. 能够准确测定甘油的含量。

5. 能够准确计算，进行数据处理并完成实训报告。

三、思政元素

四、实验仪器与试剂

（1）仪器：电子分析天平、加热板、具塞容量瓶、锥形瓶、滴定管、吸量管、称量瓶、量筒、烧杯、刮刀、漏斗（实验中需要的仪器规格与数量由学生自己确定）。

（2）试剂：可溶性淀粉、重铬酸钾、碘化钾、硫代硫酸钠、硫酸、去离子水（实验中用到的试剂均为分析纯试剂）。

五、设计实验要求

1. 该实验的原理（反应式、测定方法、滴定方式、指示剂及终点现象）。

2. 实验过程中 HSE 评估。

3. 需用试剂的准备。该实验中包括：

（1）淀粉溶液的制备方法及注意事项。

（2）$Na_2S_2O_3$ 溶液的配制。

（3）20%KI 溶液，1/3（体）硫酸溶液的配制。

4. 根据教师要求完成具体的实验步骤。

5. 学生独立完成数据记录表格的设计，并详细记录实验数据。

6. 数据计算、处理，并求出相对平均偏差和相对极差。

7. 形成完整的实验报告。

六、注意事项

（1）重铬酸钾毒性极强，操作时要注意安全。

（2）要严格按照要求制备淀粉溶液，使淀粉糊化，否则会导致实验失败。

（3）实验中要注意加入试剂的顺序。

（4）整个过程中要操作快速，防止 I_2 挥发，影响实验结果的准确度。

（5）甘油黏度较大，配制甘油溶液时要注意保证甘油溶液的均匀性。

（6）水浴加热溶液保持微沸，要注意控制加热功率，锥形瓶口放置小漏斗，防止溶液飞溅，使溶液损失，导致实验失败。

（7）$Na_2S_2O_3$ 的标定和甘油的测定都要注意终点颜色的判断。

七、总结（梳理、总结、延伸）

1. HSE 实验过程安全评估。

2. 所用试剂、指示剂的配制注意事项。

3. $Na_2S_2O_3$ 标定过程中每个操作步骤和现象的原理。

4. 甘油测定过程中的注意事项。

参考方案：丙三醇含量的测定

一、配制 0.5% 的淀粉溶液

在烧杯中放入 90mL 蒸馏水或去离子水，在加热板上煮沸。用所需质量的可溶性淀粉和少量的蒸馏水或去离子水制成光滑的糊状物。将淀粉糊倒入沸水中搅拌，直到淀粉全部溶解，使体积达到约 100mL。得到的溶液必须是透明的，没有结块或未溶解的颗粒。

二、硫代硫酸钠标准溶液的标定

将 0.0800~0.1000g 重铬酸钾溶解在 80mL 的蒸馏水或去离子水中，置于 250mL 的锥形瓶中。加入 10.00mL 的 20% 碘化钾溶液，用 1/3（摩尔比）的硫酸溶液酸化，盖好塞子混合，在暗处静置 5min。用硫代硫酸钠溶液滴定至混合物变成微黄发绿，然后添加 2mL 的 0.5% 淀粉溶液（颜色变为深蓝），继续滴定，直到从深蓝色变为亮绿色。平行测定 3 次。使用式 (6-6) 计算硫代硫酸钠溶液的校正系数，其精度可达小数点后四位。

$$F = \frac{m}{0.0049037 \times V} \qquad (6-6)$$

式中　m——重铬酸钾的质量，g；

　　　V——滴定所消耗的硫代硫酸盐体积，mL。

三、试样中甘油含量的确定

用蒸馏水或去离子水稀释样品 2.0000g±0.0050g，在 250mL 的容量瓶中。将准备好的样品溶液 25.00mL 移入 250mL 的锥形瓶中，加入重铬酸钾溶液 25.00mL 和硫酸 1/3（体积比）50.00mL 混合。微沸 1h，转移至 500mL 的容量瓶，定容。

将 50.00mL 的配制溶液移入 1L 的锥形瓶中，加入 10.00mL 的 20% 碘化钾溶液，用 20.00mL 的硫酸溶液 1/3（体积比）酸化。在暗处静置 5min 后，用水清洗瓶塞和瓶壁，用水将所得溶液的体积调整到约 500mL。用硫代硫酸钠溶液滴定释放出的碘，直到溶液呈黄绿色，然后加入 0.5% 的淀粉溶液 2mL（颜色变为深蓝色）继续滴定，直到深蓝色变为浅绿色。平行测定 3 次。甘油的含量用 % 计：

$$w(\%) = \frac{(V_{blank} - V_{sample}) \times F \times 0.00065783 \times N \times 100}{m} \qquad (6-7)$$

式中　V_{blank}——空白·对照组，mL；

　　　V_{sample}——滴定试样所消耗的硫代硫酸钠溶液的体积，mL；

　　　F——硫代硫酸钠溶液的校正系数；

　　　m——样品的质量，g；

　　　N——样品稀释比。

四、撰写报告

请完成一份报告，应包括：实验过程中必须做好的健康、安全、环保措施；测定过程中发生的化学反应方程式，实验中的物料计算和过程记录、数据处理、结果的评价和问题分析。

附　　录

附录一　常用酸碱的密度和浓度

试 剂 名 称	密度/(kg/m³)	含量/%	c/(mol/L)
盐酸	1.18~1.19	36~38	11.6~12.4
硝酸	1.39~1.40	65.0~68.0	14.4~15.2
硫酸	1.83~1.84	95~98	17.8~18.4
磷酸	1.69	85	14.6
高氯酸	1.68	70.0~72.0	11.7~12.0
冰醋酸	1.05	99.8(优级纯) 99.0(分析纯)	17.4
氢氟酸	1.13	40	22.5
氢溴酸	1.49	47.0	8.6
氨水	0.88~0.90	25.0~28.0	13.3~14.8

附录二　常用缓冲溶液的配制

缓冲溶液组成	pK_a	缓冲溶液 pH 值	缓冲溶液配置
氨基乙酸-HCl	2.35 (pK_{a1})	2.3	取氨基乙酸 150g 荣誉 500mL 水中后,加浓 HCl 80mL。再用水稀至 1L
H_3PO_4-柠檬酸盐		2.5	取 $Na_2HPO_4 \cdot 12H_2O$ 113g 溶于 200mL 水中,加柠檬酸 387g,溶解,过滤后,稀至 1L
一氯乙酸-NaOH	2.86	2.8	取 200g 一氯乙酸溶于 200mL 水中,加 NaOH 40g,溶解后,稀释至 1L
邻苯二甲酸氢钾-HCl	2.95 (pK_{a1})	2.9	取 500g 邻苯二甲酸氢钾溶于 500mL 水中,加浓 HCl 80mL,稀至 1L
甲酸-NaOH	3.76	3.7	取 95g 甲酸和 NaOH 40g 于 500mL 水中,溶解,稀至 1L
NH_4Ac-HAc		4.5	取 NH_4Ac 77g 溶于 200mL 水中,加冰醋酸 59mL,稀至 1L
NaAc-HAc	4.74	4.7	取无水 NaAc 83g 溶于水中,加冰醋酸 60mL,稀至 1L
NH_4Ac-HAc		5.0	取 NH_4Ac 250g 溶于 200mL 水中,加冰醋酸 25mL,稀至 1L
六亚甲基四胺-HCl	5.15	5.4	取六亚甲基四胺 40g 溶于 200mL 水中,加浓 HCl 10mL,稀至 1L
NH_4Ac-HAc		6.0	取 NH_4Ac 600g 溶于水中,加冰醋酸 20mL,稀至 1L
NaAc-Na_2HPO_4		8.0	取无水 NaAc 50g 和 $Na_2HPO_4 \cdot 12H_2O$ 50g,溶于水中,稀至 1L
Tris-HCl[三羟甲基氨基甲烷 $H_2NC(HOCH_3)_3$]	8.21	8.2	取 25g Tris 试剂溶于水中,加浓 HCl 8mL,稀至 1L

缓冲溶液组成	pK_a	缓冲溶液 pH 值	缓冲溶液配置
$NH_3 - NH_4Cl$	9.26	9.2	取 NH_4Cl 54g 溶于水中，加浓氨水 63mL，稀至 1L
$NH_3 - NH_4Cl$	9.26	9.5	取 NH_4Cl 54g 溶于水中，加浓氨水 126mL，稀至 1L
$NH_3 - NH_4Cl$	9.29	10.0	取 NH_4Cl 54g 溶于水中，加浓氨水 350mL，稀至 1L

注：1. 缓冲液配制后可用 pH 试纸检查。如 pH 值不对，可用共轭酸或碱调节。pH 值欲调节精确时，可用 pH 计调节。

　　2. 若需增加或减少缓冲液的缓冲容量时，可相应增加或减少共轭酸碱对的物质的量，然后按上述调节。

附录三　常用基准物质的干燥条件和应用

基准物质		干燥后组成	干燥条件/℃	标定对象
名　称	分子式			
碳酸氢钠	$NaHCO_3$	Na_2CO_3	270~300	酸
碳酸钠	$Na_2CO_3 \cdot 10H_2O$	Na_2CO_3	270~300	酸
硼砂	$Na_2B_4O_7 \cdot 10H_2O$	$Na_2B_4O_7 \cdot 10H_2O$	放在含 NaCl 和蔗糖饱和液的干燥器中	酸
碳酸氢钾	$KHCO_3$	K_2CO_3	270~300	酸
草酸	$H_2C_2O_4 \cdot 2H_2O$	$H_2C_2O_4 \cdot 2H_2O$	室温空气干燥	碱或 $KMnO_4$
邻苯二甲酸氢钾	$KHC_8H_4O_4$	$KHC_8H_4O_4$	110~120	碱
重铬酸钾	$K_2Cr_2O_7$	$K_2Cr_2O_7$	140~150	还原剂
溴酸钾	$KBrO_3$	$KBrO_3$	130	还原剂
碘酸钾	KIO_3	KIO_3	130	还原剂
铜	Cu	Cu	室温干燥器中保存	还原剂
三氧化二砷	As_2O_3	As_2O_3	室温干燥器中保存	还原剂
草酸钠	$Na_2C_2O_4$	$Na_2C_2O_4$	130	氧化剂
碳酸钙	$CaCO_3$	$CaCO_3$	110	EDTA
锌	Zn	Zn	室温干燥器中保存	EDTA
氧化锌	ZnO	ZnO	900~1000	EDTA
氯化钠	$NaCl$	$NaCl$	500~600	$AgNO_3$
氯化钾	KCl	KCl	500~600	$AgNO_3$
硝酸银	$AgNO_3$	$AgNO_3$	280~290	氯化物
氨基磺酸	$HOSO_2NH_2$	$HOSO_2NH_2$	在真空 H_2SO_4 干燥中保存 48h	碱

附录四　常用指示剂

1. 酸碱指示剂

名　称	变色范围(pH 值)	颜色变化	溶液配制
甲基紫	0.13~0.50(第一次变色) 1.0~1.5(第二次变色) 2.0~3.0(第三次变色)	黄色~绿色 绿色~蓝色 蓝色~紫色	0.5g/L 水溶液

名　称	变色范围(pH 值)	颜色变化	溶液配制
百里酚蓝	1.2~2.8(第一次变色)	红色~黄色	1g/L 乙醇溶液
甲酚红	0.12~1.8(第一次变色)	红色~黄色	1g/L 乙醇溶液
甲基黄	2.9~4.0	红色~黄色	1g/L 乙醇溶液
甲基橙	3.1~4.4	红色~黄色	1g/L 水溶液
溴酚蓝	3.0~4.6	黄色~紫色	0.4 g/L 乙醇溶液
刚果红	3.0~5.2	蓝紫色~红色	1g/L 乙醇溶液
溴甲酚绿	3.8~5.4	黄色~蓝色	1g/L 乙醇溶液
甲基红	4.4~6.2	红色~黄色	1g/L 乙醇溶液
溴酚红	5.0~6.8	黄色~红色	1g/L 乙醇溶液
溴甲酚紫	5.2~6.8	黄色~紫色	1g/L 乙醇溶液
溴百里酚蓝	6.0~7.6	黄色~蓝色	1g/L 乙醇[50%(体积分数)]溶液
中性红	6.8~8.0	红色~亮黄色	1g/L 乙醇溶液
酚红	6.4~8.2	黄色~红色	1g/L 乙醇溶液
甲酚红	7.0~8.8(第二次变色)	黄色~紫红色	1g/L 乙醇溶液
百里酚蓝	8.0~9.6(第二次变色)	黄色~蓝色	1g/L 乙醇溶液
酚酞	8.2~10.0	无色~红色	10 g/L 乙醇溶液
百里酚酞	9.4~10.6	无色~蓝色	1g/L 乙醇溶液

2. 酸碱混合指示剂

名称	变色点(pH 值)	颜色		溶液配置	备注
		酸色	碱色		
甲基橙-靛蓝(二磺酸)	4.1	紫色	绿色	1 份 1g/L 甲基橙水溶液 1 份 2.5g/L 靛蓝(二磺酸)水溶液	
溴百里酚绿-甲基橙	4.3	黄色	蓝绿色	1 份 1g/L 溴百里酚绿钠盐水溶液 1 份 2g/L 甲基橙水溶液	pH=3.5 黄色 pH=4.05 橙黄色 pH=4.3 浅绿色
溴甲酚绿-甲基红	5.1	酒红色	绿色	3 份 1g/L 溴甲酚绿乙醇溶液 1 份 2g/L 甲基红乙醇溶液	
甲基红-亚甲基蓝	5.4	红紫色	绿色	2 份 1g/L 甲基红乙醇溶液 1 份 1g/L 亚甲基蓝乙醇溶液	pH=5.2 红紫色 pH=5.4 暗蓝色 pH=5.6 绿色
溴甲酚绿-氯酚红	6.1	黄绿色	蓝紫色	1 份 1g/L 溴甲酚绿钠盐水溶液 1 份 1g/L 氯酚红钠盐水溶液	pH=5.8 蓝色 pH=6.2 蓝紫色
溴甲酚紫-溴百里酚蓝	6.7	黄色	蓝紫色	1 份 1g/L 溴甲酚紫钠盐水溶液 1 份 1g/L 溴百里酚蓝钠盐水溶液	
中性红-亚甲基蓝	7.0	紫蓝色	绿色	1 份 1g/L 中性红乙醇溶液 1 份 1g/L 亚甲基蓝乙醇溶液	pH=7.0 蓝紫色

名称	变色点 （pH 值）	颜色		溶液配置	备注
		酸色	碱色		
溴百里酚蓝-酚红	7.5	黄色	紫色	1 份 1g/L 溴百里酚蓝钠盐水溶液 1 份 1g/L 酚红钠盐水溶液	pH=7.2 暗绿色 pH=7.4 淡紫色 pH=7.6 深紫色
甲酚红-百里酚蓝	8.3	黄色	紫色	1 份 1g/L 甲酚红钠盐水溶液 3 份 1g/L 百里酚蓝钠盐水溶液	pH=8.0 玫瑰色 pH=8.4 紫色
百里酚蓝-酚酞	9.0	黄色	紫色	1 份 1g/L 百里酚蓝乙醇溶液 3 份 1g/L 酚酞乙醇溶液	
酚酞-百里酚酞	9.9	无色	紫色	1 份 1g/L 酚酞乙醇溶液 1 份 1g/L 百里酚酞乙醇溶液	pH=9.6 玫瑰色 pH=10 紫色

3. 金属离子指示剂

名　　称	颜色		配制方法
	化合物	游离态	
铬黑 T（EBT）	红色	蓝色	称取 0.50g 铬黑 T 和 2.0g 盐酸羟胺，溶于乙醇，用乙醇稀释至 100mL。使用前制备 将 1.0g 铬黑 T 与 100.0g NaCl 研细，混匀
二甲酚橙（XO）	红色	黄色	2g/L 水溶液（去离子水）
钙指示剂	酒红色	蓝色	0.50g 钙指示剂与 100.0g NaCl 研细，混匀
紫脲酸铵	黄色	紫色	1.0g 紫脲酸铵与 200.0g NaCl 研细，混匀
K-B 指示剂	红色	蓝色	0.50g 酸性铬蓝 K 加 1.250g 萘酚绿，再加 25.0gK_2SO_4 研细，混匀
磺基水杨酸	红色	无色	10g/L 水溶液
PAN	红色	黄色	2g/L 乙醇溶液
Cu-PAN（CuY+PAN）	Cu-PAN 红色	Cu-PAN 浅绿色	0.05mol/L Cu^{2+} 溶液 10mL，加 pH=5~6 的 HAc 缓冲溶液 5mL，1 滴 PAN 指示剂，加热至 60℃ 左右，用 EDTA 滴至绿色，得到约 0.025mol/L 的 CuY 溶液。使用时取 2~3mL 于试液中，再加数滴 PAN 溶液

4. 氧化还原指示剂

名　　称	变色点	颜色		配制方法
	V	氧化态	还原态	
二苯胺	0.76	紫色	无色	1g 二苯胺在搅拌下溶于 100mL 浓硫酸中
二苯胺磺酸钠	0.85	紫色	无色	5g/L 水溶液
邻菲罗啉-Fe（Ⅱ）	1.06	淡蓝色	红色	0.5g $FeSO_4 \cdot 7H_2O$ 溶于 100mL 水中，加 2 滴硫酸，再加 0.5g 邻菲罗啉
邻苯氨基苯甲酸	1.08	紫红色	无色	0.2g 邻苯氨基苯甲酸，加热溶解在 100mL0.2% Na_2CO_3 溶 液中，必要时过滤
硝基邻二氮菲-Fe（Ⅱ）	1.25	淡蓝色	紫红色	1.7g 硝基邻二氮菲溶于 100mL 0.025mol/LFe^{2+} 溶液中
淀粉				1g 可溶性淀粉加少许水调成糊状，在搅拌下注入 100mL 沸 水中，微沸 2min，放置，取上层清液使用（若要保持稳定， 可在研磨淀粉时加 1mg HgI_2）

5. 沉淀滴定法指示剂

名称	颜色变化		配制方法
铬酸钾	黄色	砖红色	5g K_2CrO_4 溶于水, 稀释至 100mL
硫酸铁铵	无色	血红色	40g $NH_4Fe(SO_4)_2 \cdot 12H_2O$ 溶于水, 加几滴硫酸, 用水稀释至 100mL
荧光黄	绿色荧光	玫瑰红色	0.5g 荧光黄溶于乙醇, 用乙醇稀释至 100mL
二氯荧光黄	绿色荧光	玫瑰红色	0.1g 二氯荧光黄溶于乙醇, 用乙醇稀释至 100mL
曙红	黄色	玫瑰红色	0.5g 曙红钠盐溶于水, 稀释至 100mL

附录五 常见化合物的摩尔质量 (g/mol)

AgBr	187.77	$Ca_3(PO_4)_2$	310.18
AgCl	143.32	$CaSO_4$	136.14
AgCN	133.89	$CdCO_3$	172.42
AgSCN	165.95	$CdCl_2$	183.32
Ag_2CrO_4	331.73	CdS	144.47
AgI	234.77	$Ce(SO_4)_2$	332.24
$AgNO_3$	169.87	$CoCl_2$	129.84
$AlCl_3$	133.34	$Co(NO_3)_2$	182.94
$AlCl_3 \cdot 6H_2O$	241.43	CoS	90.99
$Al(NO_3)_3$	213.01	$CoSO_4$	154.99
$Al(NO_3)_3 \cdot 9H_2O$	375.13	$CO(NH_2)_2$	60.06
Al_2O_3	101.96	$CrCl_3$	158.36
$Al(OH)_3$	78.00	$Cr(NO_3)_3$	238.01
$Al_2(SO_4)_3$	342.14	Cr_2O_3	151.99
$Al_2(SO_4)_3 \cdot 18H_2O$	666.46	CuCl	99.00
As_2O_3	197.84	$CuCl_2$	134.45
As_2O_5	229.84	$CuCl_2 \cdot 2H_2O$	170.48
As_2S_3	246.02	CuSCN	121.62
$BaCO_3$	197.34	CuI	190.45
$BaCl_2$	208.24	$Cu(NO_3)_2$	187.56
BaC_2O_4	225.32	$Cu(NO_3)_2 \cdot 3H_2O$	241.60
$BaCrO_4$	253.32	CuO	79.55
BaO	153.33	Cu_2O	143.09
$Ba(OH)_2$	171.34	CuS	95.61
$BaSO_4$	233.39	$CuSO_4$	159.60
$BiCl_3$	315.34	$CuSO_4 \cdot 5H_2O$	249.68
BiOCl	260.43	$FeCl_2$	126.75
CO_2	44.01	$FeCl_2 \cdot 4H_2O$	198.81
CaO	56.08	$FeCl_3$	162.21
$CaCO_3$	100.09	$FeCl_3 \cdot 6H_2O$	270.30

续表

CaC_2O_4	128.10	$FeNH_4(SO_4)_2 \cdot 12H_2O$	482.18
$CaCl_2$	110.99	$Fe(NO_3)_3$	241.86
$Ca(NO_3)_2 \cdot 4H_2O$	236.15	$Fe(NO_3)_3 \cdot 9H_2O$	404.01
$Ca(OH)_2$	74.09	FeO	71.85
Fe_2O_3	159.69	$K_2Cr_2O_7$	294.18
Fe_3O_4	231.54	$K_3Fe(CN)_6$	329.25
$Fe(OH)_3$	106.87	$K_4Fe(CN)_6$	368.35
FeS	87.91	$KFe(SO_4)_2 \cdot 12H_2O$	503.28
Fe_2S_3	207.87	$KHC_2O_4 \cdot H_2O$	146.15
$FeSO_4$	151.91	$KHSO_4$	136.18
$FeSO_4 \cdot 7H_2O$	278.03	$KHC_8H_4O_4(KHP)$	204.22
$Fe(NH_4)_2(SO_4)_2 \cdot 6H_2O$	392.13	KI	166.00
H_3AsO_3	125.94	KIO_3	214.00
H_3AsO_4	141.94	$KMnO_4$	158.03
H_3BO_3	61.83	$KNaC_4H_4O_6 \cdot 4H_2O$	282.22
HBr	80.91	KNO_3	101.10
HCN	27.03	KNO_2	85.10
$HCOOH$	46.03	K_2O	94.20
CH_3COOH	60.05	KOH	56.11
H_2CO_3	62.03	K_2SO_4	174.25
$H_2C_2O_4 \cdot 2H_2O$	126.07	$LiBr$	86.84
HCl	36.46	LiI	133.85
HF	20.01	$MgCO_3$	84.31
HI	127.91	$MgCl_2$	95.21
HIO_3	175.91	$MgCl_2 \cdot 6H_2O$	203.31
HNO_3	63.01	MgC_2O_4	112.33
HNO_2	47.01	$Mg(NO_3)_2 \cdot 6H_2O$	256.41
H_2O	18.016	$MgNH_4PO_4$	137.32
H_2O_2	34.02	MgO	40.30
H_3PO_4	98.00	$Mg(OH)_2$	58.32
H_2S	34.08	$Mg_2P_2O_7$	222.55
H_2SO_3	82.07	$MgSO_4 \cdot 7H_2O$	246.49
H_2SO_4	98.07	$MnCO_3$	114.95
$Hg(CN)_2$	252.63	$MnCl_2 \cdot 4H_2O$	197.91
Hg_2Cl_2	472.09	$Mn(NO_3)_2 \cdot 6H_2O$	287.04
$HgCl_2$	271.50	MnO	70.94
HgI_2	454.40	MnO_2	86.94
$Hg(NO_3)_2$	324.60	MnS	87.00
$Hg_2(NO_3)_2$	525.19	$MnSO_4$	151.00

$Hg_2(NO_3)_2 \cdot 2H_2O$	561.22	NH_3	17.03
HgO	261.59	NO	30.01
HgS	232.65	NO_2	46.01
$HgSO_4$	296.65	NH_4Cl	53.49
Hg_2SO_4	497.24	$(NH_4)_2CO_3$	96.09
$KAl(SO_4)_2 \cdot 12H_2O$	474.41	CH_3COONH_4	77.08
KBr	119.00	$(NH_4)_2C_2O_4$	124.10
$KBrO_3$	167.00	NH_4SCN	76.12
KCl	74.55	NH_4HCO_3	79.06
$HClO_3$	122.55	$(NH_4)_2MoO_4$	196.01
$HClO_4$	138.55	NH_4NO_3	80.04
KCN	65.12	$(NH_4)_2HPO_4$	132.06
$KSCN$	97.18	$(NH_4)_2S$	68.14
K_2CO_3	138.21	$(NH_4)_2SO_4$	132.13
K_2CrO_4	194.19	NH_4VO_3	116.98
Na_3AsO_3	191.89	PbO_2	239.20
$Na_2B_4O_7$	201.22	Pb_3O_4	685.6
$Na_2B_4O_7 \cdot 10H_2O$	381.42	$Pb_3(PO_4)_2$	811.54
$NaBiO_3$	279.97	PbS	239.26
$NaCN$	49.01	$PbSO_4$	303.26
$NaSCN$	81.07	$SbCl_3$	228.11
Na_2CO_3	105.99	$SbCl_5$	299.02
$Na_2C_2O_4$	134.0	Sb_2O_3	291.50
$NaCl$	58.44	Sb_2S_3	339.68
CH_3COONa	82.03	SO_3	80.06
$NaClO$	74.44	SO_2	64.06
$NaHCO_3$	84.01	SiF_4	104.08
$Na_2HPO_4 \cdot 12H_2O$	358.14	SiO_2	60.08
$Na_2H_2Y \cdot 2H_2O$	372.24	$SnCl_2 \cdot 2H_2O$	225.63
$NaNO_2$	69.00	$SnCl_4 \cdot 5H_2O$	350.58
$NaNO_3$	85.00	SnO_2	150.7
Na_2O	61.98	SnS_2	150.75
Na_2O_2	77.98	$SrCO_3$	147.63
$NaOH$	40.00	SrC_2O_4	175.64
Na_3PO_4	163.94	$SrCrO_4$	203.61
Na_2S	78.04	$Sr(NO_3)_2$	211.63
Na_2SO_3	126.04	$Se(NO_3)_2 \cdot 4H_2O$	283.69
Na_2SO_4	142.04	$SrSO_4$	183.68
$Na_2S_2O_3 \cdot 5H_2O$	248.17	$ZnCO_3$	125.39

续表

$NaHSO_4$	120.07	ZnC_2O_4	153.40
$NiCl_2 \cdot 6H_2O$	237.69	$ZnCl_2$	136.29
NiO	74.69	$Zn(CH_3COO)_2$	183.47
$Ni(NO_3)_2 \cdot 6H_2O$	290.79	$Zn(NO_3)_2$	189.39
NiS	90.75	$Zn(NO_3)_2 \cdot 6H_2O$	297.51
$NiSO_4 \cdot 7H_2O$	280.85	ZnO	81.38
OH	17.01	ZnS	97.44
P_2O_5	141.95	$ZnSO_4$	161.44
$PbCO_3$	267.21	$ZnSO_4 \cdot 7H_2O$	287.57
PbC_2O_4	295.22	$(C_9H_7N)_3H_3(PO_4 \cdot 12MoO_3)$	2212.74
$PbCl_2$	278.11	磷钼酸喹啉	
$PbCrO_4$	323.19	$NiC_8H_{14}O_4N_4$	288.91
$Pb(CH_3COO)_2$	325.29	丁二酮肟镍	
PbI_2	461.01	TiO_2	79.90
$Pb(NO_3)_2$	331.21	V_2O_5	181.88
PbO	223.20	WO_3	231.85

附录六　相对原子质量表(1985)

原子序数	元素名称	符号	相对原子质量	原子序数	元素名称	符号	相对原子质量
1	氢	H	1.00794	22	钛	Ti	47.88
2	氦	He	4.002602	23	钒	V	50.9415
3	锂	Li	6.941	24	铬	Cr	51.9961
4	铍	Be	9.012182	25	锰	Mn	54.93805
5	硼	B	10.811	26	铁	Fe	55.847
6	碳	C	12.011	27	钴	Co	58.93320
7	氮	N	14.00674	28	镍	Ni	58.69
8	氧	O	15.9994	29	铜	Cu	63.546
9	氟	F	18.9984032	30	锌	Zn	65.39
10	氖	Ne	20.1797	31	镓	Ga	69.723
11	钠	Na	22.989768	32	锗	Ge	72.61
12	镁	Mg	24.3050	33	砷	As	74.92159
13	铝	Al	26.981539	34	硒	Se	78.96
14	硅	Si	28.0855	35	溴	Br	79.904
15	磷	P	30.973762	36	氪	Kr	83.80
16	硫	S	32.066	37	铷	Rb	85.4678
17	氯	Cl	35.4527	38	锶	Sr	87.62
18	氩	Ar	39.948	39	钇	Y	88.90585
19	钾	K	39.0983	40	锆	Zr	91.224
20	钙	Ca	40.078	41	铌	Nb	92.90638
21	钪	Sc	44.955910	42	钼	Mo	95.94

续表

原子序数	元素名称	符号	相对原子质量	原子序数	元素名称	符号	相对原子质量
43	锝	Tc	98.9062	68	铒	Er	167.26
44	钌	Ru	101.07	69	铥	Tm	168.93421
45	铑	Rh	102.90550	70	镱	Yb	173.40
46	钯	Pd	106.41	71	镥	Lu	174.967
47	银	Ag	107.8682	72	铪	Hf	178.49
48	镉	Cd	112.411	73	钽	Ta	180.9479
49	铟	In	114.82	74	钨	W	183.85
50	锡	Sn	118.710	75	铼	Re	186.207
51	锑	Sb	121.75	76	锇	Os	190.2
52	碲	Te	127.60	77	铱	Ir	192.22
53	碘	I	126.90447	78	铂	Pt	195.08
54	氙	Xe	131.29	79	金	Au	196.96654
55	铯	Cs	132.90543	80	汞	Hg	200.59
56	钡	Ba	137.327	81	铊	Tl	204.3833
57	镧	La	138.9055	82	铅	Pb	207.2
58	铈	Ce	140.115	83	铋	Bi	208.98037
59	镨	Pr	140.90765	84	钋	Po	〔210〕
60	钕	Nd	144.24	85	砹	At	〔210〕
61	钷	Pm	〔145〕	86	氡	Rn	〔222〕
62	钐	Sm	150.36	87	钫	Fr	〔223〕
63	铕	Eu	151.965	88	镭	Ra	226.0254
64	钆	Gd	157.25	89	锕	Ac	227.0278
65	铽	Tb	158.92534	90	钍	Th	232.0381
66	镝	Dy	162.50	91	镤	Pa	231.03588
67	钬	Ho	164.93032	92	铀	U	238.0289

附录七　不同标准溶液浓度的温度补正值

补正值/温度/℃	水和0.05mol/L以下的各种水溶液	0.1mol/L和0.2mol/L各种水溶液	盐酸溶液 $c(HCl)=0.5mol/L$	盐酸溶液 $c(HCl)=1mol/L$	硫酸溶液 $c(1/2H_2SO_4)=0.5mol/L$ 氢氧化钠溶液 $c(NaOH)=0.5mol/L$	硫酸溶液 $c(1/2H_2SO_4)=0.5mol/L$ 氢氧化钠溶液 $c(NaOH)=0.5mol/L$
5	+1.38	+1.7	+1.9	+2.3	+2.4	+3.6
6	+1.38	+1.7	+1.9	+2.2	+2.3	+3.4
7	+1.36	+1.6	+1.8	+2.2	+2.2	+3.2
8	+1.33	+1.6	+1.8	+2.1	+2.2	+3.0
9	+1.29	+1.5	+1.7	+2.0	+2.1	+2.7
10	+1.23	+1.5	+1.6	+1.9	+2.0	+2.5
11	+1.17	+1.4	+1.5	+1.8	+1.8	+2.3
12	+1.10	+1.3	+1.4	+1.6	+1.7	+2.0

续表

补正值/ 温度/℃　标准溶液 种类	水和 0.05mol/L 以下的各种 水溶液	0.1mol/L 和 0.2mol/L 各种水溶液	盐酸溶液 $c(HCl)=$ 0.5mol/L	盐酸溶液 $c(HCl)=$ 1mol/L	硫酸溶液 $c(1/2H_2SO_4)=0.5mol/L$ 氢氧化钠溶液 $c(NaOH)=0.5mol/L$	硫酸溶液 $c(1/2H_2SO_4)=0.5mol/L$ 氢氧化钠溶液 $c(NaOH)=0.5mol/L$
13	+0.99	+1.1	+1.2	+1.4	+1.5	+1.8
14	+0.88	+1.0	+1.1	+1.2	+1.3	+1.6
15	+0.77	+0.9	+0.9	+1.0	+1.1	+1.3
16	+0.64	+0.7	+0.8	+0.8	+0.9	+1.1
17	+0.50	+0.6	+0.6	+0.6	+0.7	+0.8
18	+0.34	+0.4	+0.4	+0.4	+0.5	+0.6
19	+0.18	+0.2	+0.2	+0.2	+0.2	+0.3
20	0.00	0.00	0.00	0.00	0.00	0.00
21	−0.18	−0.2	−0.2	−0.2	−0.2	−0.3
22	−0.38	−0.4	−0.4	−0.5	−0.5	−0.6
23	−0.58	−0.6	−0.7	−0.7	−0.8	−0.9
24	−0.80	−0.9	−0.9	−1.0	−1.0	−1.2
25	−1.03	−1.1	−1.1	−1.2	−1.3	−1.5
26	−1.26	−1.4	−1.4	−1.4	−1.5	−1.8
27	−1.51	−1.7	−1.7	−1.7	−1.8	−2.1
28	−1.76	−2.0	−2.0	−2.0	−2.1	−2.4
29	−2.01	−2.3	−2.3	−2.3	−2.4	−2.8
30	−2.30	−2.5	−2.5	−2.5	−2.8	−3.2
31	−2.58	−2.7	−2.7	−2.7	−3.1	−3.5
32	−2.86	−3.0	−3.0	−3.0	−3.4	−3.9
33	−3.04	−3.2	−3.0	−3.3	−3.7	−4.2
34	−3.47	−3.7	−3.7	−3.6	−4.1	−4.6
35	−3.78	−4.0	−4.0	−4.0	−4.4	−5.0
36	−4.10	−4.3	−4.3	−4.3	−4.7	−5.3

附录八　不同温度时各标准缓冲溶液的 pH 值

温度/℃　标准缓冲液	邻苯二甲酸氢钾 （$KHC_8H_4O_4$） 标准缓冲溶液	混合磷酸盐 （$KH_2PO_4-NaHPO_4$） 标准缓冲溶液	硼砂 （$Na_2B_4O_7 \cdot 10H_2O$） 标准缓冲溶液
10	4.00	6.92	9.33
15	4.00	6.90	9.28
20	4.00	6.88	9.23
25	4.00	6.86	9.18
30	4.01	6.86	9.14
35	4.02	6.84	9.11

附录九　国际单位制的基本单位

量的名称	单位符号	单位名称	量的名称	单位符号	单位名称
长度	m	米	热力学温度	K	开[尔文]
质量	kg	千克(公斤)	物质的量	mol	摩[尔]
时间	s	秒	发光强度	cd	坎[德拉]
电流	A	安[培]			

附录十　国家选定的非国际单位制的法定计量单位

量的名称	单位名称	单位符号	与 SI 单位的关系
时间	分 [小]时 日(天)	min h d	$1min=60s$ $1h=60min=3600s$ $1d=24h=86400s$
[平面]角	度 [角]分 [角]秒	° ′ ″	$1°=(\pi/180)rad$ $1'=(1/60)°=(\pi/10800)rad$ $1''=(1/60)'=(\pi/648000)rad$
体积	升 吨 原子质量单位	L, l t u	$1l=1dm^3=10^{-3}m^3$ $1t=10^3kg$ $1u\approx1.660540\times10^{-27}kg$
旋转速度	转每分	r/min	$1r/min=(1/60)s^{-1}$
长度	海里	n mile	$1n\ mile=1852m$ （只用于航行）
速度	节	kn	$1kn=1n\ mile/h=(1852/3600)m/s$ （只用于航行）
能	电子伏	eV	$1eV\approx1.602177\times10^{-19}J$
级差	分贝	dB	
线密度	特[克斯]	tex	$1tex=10^{-6}kg/m$
面积	公顷	hm^2	$1hm^2=10^4m^2$

试题测验部分

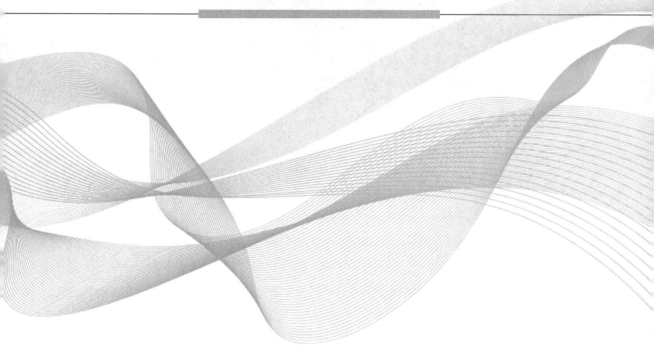

职业鉴定模拟试卷一

一、判断题

1. 化学检验工职业道德的基本要求包括：忠于职守、专研技术、遵章守纪、团结互助、勤俭节约、关心企业、勇于创新等。（　　）

2. 11.48g 换算为以毫克为单位的正确写法是 11480mg。（　　）

3. 化学试剂 A.R 是分析纯，为二级品，其包装瓶签为红色。（　　）

4. 烘箱和高温炉内都绝对禁止烘、烧易燃、易爆及有腐蚀性的物品和非实验用品，更不允许加热食品。（　　）

5. 凡是优级纯的物质都可用于直接法配制标准溶液。（　　）

6. 实验用的纯水其纯度可通过测定水的电导率大小来判断，电导率越低，说明水的纯度越高。（　　）

7. 低沸点的有机标准物质，为防止其挥发，应保存在一般的冰箱内。（　　）

8. 用氧化还原法测得某样品中 Fe 含量分别为 20.1%、20.03%、20.04%、20.5%，则这组测量值的相对平均偏差为 0.06%。（　　）

9. 已知 20mL 移液管在 20℃ 的体积校准值为 -0.01mL，则 20℃ 该移液管的真实体积是 25.01mL。（　　）

10. 用 NaOH 标准溶液标定 HCl 溶液浓度时，以酚酞为指示剂，若 NaOH 因储存出了问题吸收了 CO_2，则滴定结果偏高。（　　）

11. EDTA 标准溶液一般用直接法配制。（　　）

12. 能形成无机配合物的反应虽然很多，但由于大多数无机配合物的稳定性不高，而且还存在分步配位的缺点，因此能用于配位滴定的并不多。（　　）

13. 用 EDTA 标准溶液连续滴定时，两次终点的颜色变化均为紫红色变成纯蓝色。（　　）

14. 用 EDTA 测定 Ca^{2+}、Mg^{2+} 总量时，以铬黑 T 作指示剂应控制 pH = 12。（　　）

15. 在测定水硬度的过程中，加入 NH_3-NH_4Cl 是为了保持溶液酸度基本不变。（　　）

16. 配制好的 EDTA 标准溶液，一般贮存于聚乙烯塑料瓶中或硬质玻璃瓶中。（　　）

17. $KMnO_4$ 溶液作为滴定剂时，必须装在棕色酸式滴定管中。（　　）

18. $KMnO_4$ 是一种强氧化剂，介质不同，其还原产物也不一样。（　　）

19. 应用直接碘量法时需要在接近终点前加淀粉指示剂。（　　）

20. 氧化还原指示剂必须参加氧化还原反应。（　　）

21. $K_2Cr_2O_7$ 是比 $KMnO_4$ 更强的一种氧化剂，它可以在 HCl 介质中进行滴定。（　　）

22. 用 $Na_2C_2O_4$ 标定 $KMnO_4$，需加热到 70~80℃ 在 HCl 介质中进行。（　　）

23. 配制好的 $Na_2S_2O_3$ 应立即标定。（　　）

24. 在配制好的 $Na_2S_2O_3$ 溶液中，为了避免细菌的干扰，常加入少量 Na_2CO_3。（　　）

25. 用高锰酸钾法进行氧化还原滴定时，一般不需要加指示剂。（　　）

26. 高锰酸钾在强酸性介质中氧化具有还原性物质，它的基本单元为 $\frac{1}{5}KMnO_4$。（　　）

27. 福尔哈德法是以 NH_4SCN 为标准滴定溶液，铁铵矾为指示剂，在稀硝酸溶液中进行滴定。　　　　　　　　　　　　　　　　　　　　　　　　　　　　　（　　）

28. 沉淀的转化对于相同类型的沉淀通常是由溶度积较大的转化为溶度积较小的过程。
　　　　　　　　　　　　　　　　　　　　　　　　　　　　　　　　　　（　　）

29. 莫尔法一定要在中性和弱碱性条件中进行滴定。　　　　　　　　　　（　　）

30. 莫尔法适用于能与 Ag^+ 成沉淀的阴离子的测定如 Cl^-、Br^- 和 I^- 等。（　　）

31. 钡盐接触人的伤口也会使人中毒。　　　　　　　　　　　　　　　　（　　）

32. 根据同离子效应，沉淀剂加得越多，沉淀越完全。　　　　　　　　（　　）

33. 实验室使用电器时，要谨防触电，不要用湿的手、物去接触电源，实验完毕后及时拔下插头，切断电源。　　　　　　　　　　　　　　　　　　　　　　　　（　　）

34. 化验室内可以用干净的器皿处理食物。　　　　　　　　　　　　　（　　）

35. 进行滴定操作前，要将滴定管尖处的液滴靠进锥形瓶中。　　　　　（　　）

36. 容量瓶可以长期存放溶液。　　　　　　　　　　　　　　　　　　（　　）

37. 用酸碱滴定法测定工业醋酸中的乙酸含量，应选择的指示剂是酚酞。（　　）

38. 有酸或碱参与的氧化还原反应，溶液的酸度影响氧化还原电对的电极电势。（　　）

39. 氨水溶液不能装在铜制容器中，其原因是发生配位反应，生成 $[Cu(NH_3)_4]^{2+}$，使铜溶解。　　　　　　　　　　　　　　　　　　　　　　　　　　　　　（　　）

40. 配位数是中心离子(或原子)接受配位体的数目。　　　　　　　　（　　）

二、单选题

1. 化学试剂根据(　　)可分为一般化学试剂和特殊化学试剂。

A. 用途　　　　　　　B. 性质　　　　　　　C. 规格　　　　　　　D. 使用常识

2. 一般分析实验和科学研究中适用(　　)。

A. 优级纯试剂　　　　B. 分析纯试剂　　　　C. 化学纯试剂　　　　D. 实验试剂

3. 不同规格的化学试剂可用不同的英文缩写符号表示，下列(　　)分别代表优级纯试剂和化学纯试剂。

A. G. B.，G. R.　　　B. G. B.，C. P.　　　C. G. R.，C. P.　　　D. C. P.，C. A.

4. 下列各种装置中，不能用于制备实验室用水的是(　　)。

A. 回流装置　　　　　B. 蒸馏装置　　　　　C. 离子交换装置　　　D. 电渗析装置

5. 只需烘干就可称量的沉淀，选用(　　)过滤。

A. 定性滤纸　　　　　　　　　　　　　B. 定量滤纸

C. 无灰滤纸　　　　　　　　　　　　　D. 玻璃砂芯坩埚或漏斗

6. 对于危险化学品贮存管理的叙述正确的是(　　)。

A. 化学药品贮存室要由专人保管，并有严格的账目和管理制度

B. 化学药品应按类存放，特别是危险化学品按其特性单独存放

C. 遇火、遇潮、易燃烧产生有毒气体的化学药品，不得在露天、潮湿、漏雨和低洼容易积水的地点存放

D. 受光照射容易燃烧、爆炸或产生有毒气体的化学药品和桶装、瓶装的易燃液体，就

要放在完全不见光的地方，不得见光和通风

7. 标准物碳酸钠用前需要在 270℃烘干，可以选用(　　)。

A. 电炉　　　　　　B. 马弗炉　　　　　　C. 电烘箱　　　　　　D. 水浴锅

8. 下述条例中(　　)不是化学实验室的一般安全守则。

A. 实验人员进入化验室，应穿着实验服

B. 化验室内操作气相色谱仪时，要有良好的通风条件

C. 开启腐蚀性或刺激性物品的瓶子时，要佩戴防护镜

D. 酸、碱等腐蚀性物质，不得放置在高处或实验试剂架的顶层

9. 使用万分之一分析天平用差减法进行称量时，为使称量的相对误差在 0.1%以内，试样质量应(　　)。

A. 在 0.2g 以上　　B. 在 0.2g 以下　　C. 在 0.1g 以上　　D. 在 0.4g 以上

10. 算式(30.582−7.44)+(1.6−0.5263)中，绝对误差最大的数据是(　　)。

A. 30.582　　　　　B. 7.44　　　　　　C. 1.6　　　　　　D. 0.5263

11. 对同一样品分析，采取同样的办法，测得的结果为 37.44%、37.20%、37.30%、37.50%、37.30%，则此次分析的相对平均偏差为(　　)。

A. 0.30%　　　　　B. 0.54%　　　　　C. 0.24%　　　　　D. 0.18%

12. 由计算器算出 $2.236×1.1124÷1.036×0.2000$ 的结果为 12.004471，按有效数字运算规则应将结果约为(　　)。

A. 12　　　　　　　B. 12.0　　　　　　C. 12.00　　　　　　D. 12.004

13. 下列方法不是消除系统误差的方法有(　　)。

A. 仪器校正　　　　B. 空白　　　　　　C. 对照　　　　　　D. 再现性

14. 下列容量瓶的使用不正确的是(　　)。

A. 使用前应检查是否漏水　　　　　　B. 瓶塞与瓶应配套使用

C. 使用前在烘箱中烘干　　　　　　　D. 容量瓶不宜代替试剂瓶使用

15. 酚酞指示剂的变色范围为(　　)。

A. 8.0～9.6　　　　B. 4.4～10.0　　　　C. 9.4～10.6　　　　D. 7.2～8.8

16. 欲配制 pH = 10 的缓冲液选用的物质组成是(　　)。[$K_b(NH_3) = 1.8×10^{-5}$，$K_a(HAc) = 1.8×10^{-5}$]

A. $NH_3–NH_4Cl$　　B. $HAc–NaAc$　　C. $NH_3–NaAc$　　D. $HAc–NH_3$

17. 以浓度为 0.1000mol/L 的氢氧化钠溶液滴定 20mL 浓度为 0.1000mol/L 的盐酸，理论终点后，氢氧化钠过量 0.02mL，此时溶液的 pH 值为(　　)。

A. 1　　　　　　　B. 3.3　　　　　　C. 8　　　　　　D. 9.7

18. 在配位滴定中，金属离子与 EDTA 形成配合物越稳定，在滴定时允许的 pH 值(　　)。

A. 越高　　　　　　B. 越低　　　　　　C. 中性　　　　　　D. 不要求

19. 与 EDTA 不反应的离子可用(　　)测定。

A. 间接滴定法　　　B. 置换滴定法　　　C. 返滴定法　　　　D. 直接滴定法

20. 水硬度的单位是以 CaO 为基准物质确定的，水硬度为 10 表明 1L 水中含有(　　)。

A. 1g CaO　　　　　B. 0.1g CaO　　　　C. 0.01g CaO　　　　D. 0.001g CaO

21. EDTA 与 Ca^{2+} 配位时其配位比为(　　)。
　　A. 1 : 1　　　　　　B. 1 : 2　　　　　　C. 1 : 3　　　　　　D. 1 : 4

22. 在配制 0.02mol/L 的 EDTA 标准溶液时，下列说法正确的是(　　)。
　　A. 称取乙二胺四乙酸(M = 292.2g/mol)2.9g，溶于 500mL 水中
　　B. 称取乙二胺四乙酸 2.9g，加入 200mL 水溶解后，定容至 500mL
　　C. 称取二水合乙二胺四乙酸二钠盐(M = 372.2g/mol)3.7g，溶于 500mL 水中
　　D. 称取二水台乙二胺四乙酸二钠盐 3.7g，加入 200mL 水溶解后，定容至 500mL

23. 用 $H_2C_2O_4 \cdot 2H_2O$ 标定 $KMnO_4$ 溶液时，溶液的温度一般不超过(　　)，以防止 $H_2C_2O_4 \cdot 2H_2O$ 的分解。
　　A. 60℃　　　　　　B. 75℃　　　　　　C. 40℃　　　　　　D. 90℃

24. 标定 $Na_2S_2O_3$ 溶液的基准试剂是(　　)。
　　A. $Na_2C_2O_4$　　　　B. $C(NH_4)_2C_2O_4$　　　C. Fe　　　　D. $K_2Cr_2O_7$

25. $KMnO_4$ 滴定所需的介质是(　　)。
　　A. H_2SO_4　　　　　B. HCl　　　　　　C. H_3PO_4　　　　D. HNO_3

26. 直接碘量法应控制的条件是(　　)。
　　A. 强酸性条件　　　　　　　　　　　B. 强碱性条件
　　C. 中性或弱酸性条件　　　　　　　　D. 什么条件都可以

27. 在碘量法中，淀粉是专属指示剂，当溶液呈蓝色时，这是(　　)。
　　A. I_2 的颜色　　　　　　　　　　　B. I^- 的颜色
　　C. 游离 I_2 与淀粉生成物的颜色　　　D. I^- 与淀粉生成物的颜色

28. 移取双氧水 2.00mL(密度为 1.010g/mL)至 250mL 容量瓶中，并稀释至刻度，吸取 25.00mL，酸化后用 $c(1/5KMnO_4 = 0.1200mol/L)$ 的 $KMnO_4$ 溶液 29.28mL 滴定至终点，则试样中 H_2O_2 的含量为(　　)。$M(H_2O_2)$ = 34.01g/mol
　　A. 96%　　　　　　B. 29.58%　　　　　C. 5.92%　　　　　D. 59.17%

29. AgCl 的 K_{sp} = 1.8×10^{-10}，则同温下 AgCl 的溶解度为(　　)。
　　A. 1.8×10^{-10}mol/L　B. 1.34×10^{-5}mol/L　C. 0.9×10^{-5}mol/L　D. 1.9×10^{-3}mol/L

30. 用莫尔法测定纯碱中的 NaCl，应选择的指示剂是(　　)。
　　A. $K_2Cr_2O_7$　　　　B. K_2CrO_4　　　　C. KNO_3　　　　D. $KClO_3$

31. 应该放在远离有机物及还原物质的地方，使用时不能戴橡皮手套的是(　　)。
　　A. 浓硫酸　　　　　B. 浓盐酸　　　　　C. 浓硝酸　　　　　D. 浓高氯酸

32. (　　)不属于计量器具。
　　A. 量筒、量气管、移液管　　　　　　B. 注射器、量杯、天平
　　C. 称量瓶、滴定管、移液管　　　　　D. 电子秤、容量瓶、滴定管

33. 将置于普通干燥器中保存的 $Na_2B_4O_7 \cdot 10H_2O$ 作为基准物质用于标定盐酸的浓度，则盐酸的浓度将(　　)。
　　A. 偏高　　　　　　B. 偏低　　　　　　C. 无影响　　　　　D. 不能确定

34. 分析工作中实际能够测量到的数字称为(　　)。
　　A. 精密数字　　　　B. 准确数字　　　　C. 可靠数字　　　　D. 有效数字

35. 欲测某水泥熟料中的 SO_3 含量，由五人分别进行测定。试样称取量皆为 2.2g，五人

获得 5 份报告如下，哪一份报告是合理的(　　)。

A. 2.09%　　　　B. 2.08%　　　　C. 2.07%　　　　D. 2.1%

36. 16℃时 1mL 水的质量为 0.99780g，在此温度下校正 10mL 单标线移液管，称得其放出的纯水质量为 10.04g，此移液管在 20℃时的校正值是(　　)。

A. −0.02mL　　　B. +0.02mL　　　C. −0.06mL　　　D. +0.06mL

37. 将 0.2mol/L HA($K_a = 1.0 \times 10^{-5}$) 与 0.2mol/L HB($K_b = 1.0 \times 10^{-9}$) 等体积混合，混合后溶液的 pH 值为(　　)。

A. 3　　　　B. 3.15　　　　C. 3.3　　　　D. 4.15

38. 配位滴定中加入缓冲溶液的原因是(　　)。

A. EDTA 配位能力与酸度有关

B. 金属指示剂有其使用的酸度范围

C. EDTA 与金属离子反应过程中会释放出 H^+

D. K'MY 会随酸度改变而改变

39. 已知 CaC_2O_4 的溶解度为 4.75×10^{-5}，则 CaC_2O_4 的溶度积是(　　)。

A. 9.50×10^{-5}　　B. 2.38×10^{-5}　　C. 2.26×10^{-9}　　D. 2.26×10^{-10}

40. 配制酚酞指示剂选用的溶剂是(　　)。

A. 水−甲醇　　　B. 水−乙醇　　　C. 水　　　　D. 水−丙酮

三、多选题

1. 下列氧化物有剧毒的是(　　)。

A. Al_2O_3　　　　B. As_2O_3　　　　C. SiO_2　　　　D. 硫酸二甲酯

2. 洗涤下列仪器时，不能使用去污粉洗刷的是(　　)。

A. 移液管　　　B. 锥形瓶　　　C. 容量瓶　　　D. 滴定管

3. 下列叙述中正确的是(　　)。

A. 偏差是测定值与真实值之差值

B. 相对平均偏差为绝对偏差除以真值

C. 相对平均偏差为绝对偏差除以平均值

D. 平均偏差是表示一组测量数据的精密度的好坏

4. 进行移液管和容量瓶的相对校正时(　　)。

A. 移液管和容量瓶的内壁都必须绝对干燥

B. 移液管和容量瓶的内壁都不干燥

C. 容量瓶的内壁必须绝对干燥

D. 移液管内壁可以不干燥

5. 与缓冲溶液的缓冲容量大小有关的因素是(　　)。

A. 缓冲溶液的总浓度　　　　　　B. 缓冲溶液的 pH 值

C. 缓冲溶液组成的浓度比　　　　D. 外加的酸量

6. 下列说法正确的是(　　)。

A. 配合物的形成体(中心原子)大多是中性原子或带正电荷的离子

B. 螯合物以六元环、五元环较稳定

C. 配位数就是配位体的个数

D. 二乙二胺合铜(Ⅱ)离子比四氨合铜(Ⅱ)离子稳定

7. 以下几项属于 EDTA 配位剂特性的是(　　)。

A. EDTA 具有广泛的配位性能，几乎能与所有的金属离子形成配合物

B. EDTA 配合物配位比简单，多数情况下都形成 1∶1 配合物

C. EDTA 配合物稳定性高

D. EDTA 配合物易溶于水

8. 国家标准规定的标定 EDTA 溶液的基准试剂有(　　)。

A. MgO　　　　　　　B. ZnO　　　　　　　C. CaCO$_3$　　　　　　D. 锌片

E. 铜片

9. 水的硬度测定中，正确的测定条件包括(　　)。

A. 总硬度：pH=10，EBT 为指示剂

B. 钙硬度：pH=12，XO 为指示剂

C. 钙硬度：调 pH 值之前，先加 HCl 酸化并煮沸

D. 钙硬度：NaOH 可任意过量加入

10. 下列说法错误的是(　　)。

A. 电对的电位越低，其氧化型的氧化能力越强

B. 电对的电位越高，其氧化型的氧化能力越强

C. 电对的电位越高，其还原型的氧化能力越强

D. 氧化剂可以氧化电位比它高的还原剂

11. 高锰酸钾法可以直接滴定的物质为(　　)。

A. Ca^{2+}　　　　　B. Fe^{2+}　　　　　C. C$_2$O$_4^-$　　　　　D. Fe^{3+}

12. 用 Na$_2$C$_2$O$_4$ 标定高锰酸钾的浓度，满足式(　　)。

A. $n(KMnO_4)=5n(Na_2C_2O_4)$　　　　B. $n\left(\frac{1}{5}KMnO_4\right)=n\left(\frac{1}{2}Na_2C_2O_4\right)$

C. $n(KMnO_4)=\frac{2}{5}n(Na_2C_2O_4)$　　　　D. $n(KMnO_4)=\frac{5}{2}n(Na_2C_2O_4)$

13. 碘量法测定 CuSO$_4$ 含量时，试样溶液中加入过量的 KI，下列叙述其作用正确的是(　　)。

A. 还原 Cu^{2+}为 Cu$^+$　　　　　　B. 防止 I$_2$挥发

C. 开始慢摇快滴，终点前快摇慢滴　　D. 把 CuSO$_4$还原成单质 Cu

14. 配制 Na$_2$S$_2$O$_3$ 溶液时，应当用新煮沸并冷却后的纯水，其原因是(　　)。

A. 除去 CO$_2$ 和 O$_2$　　　　　B. 杀死细菌

C. 使水中杂质都被破坏　　　　D. 使重金属离子水解沉淀

15. 间接碘量法中，有关注意事项下列说法正确的是(　　)。

A. 氧化反应应在碘量瓶中密闭进行，并注意暗置避光

B. 滴定时，溶液酸度控制为碱性，避免酸性条件下 I$^-$被空气中的氧所氧化

C. 滴定时应注意避免 I$_2$ 的挥发损失，应轻摇快滴

D. 淀粉指示剂应在近终点时加入，避免较多地 I$_2$被淀粉吸附，影响测定结果的准确度

16. 在含有固体 AgCl 的饱和溶液中分别加入下列物质，能使 AgCl 的溶解度减小的物质

有(   )。

A. 盐酸　　　　　　　B. $AgNO_3$　　　　　C. KNO_3　　　　　D. 氨水

E. 水

17. 应用莫尔法滴定时酸度条件是(   )。

A. 酸性　　　　　　　B. 弱酸性　　　　　C. 中性　　　　　D. 弱碱性

18. 用莫尔法测定溶液中 Cl^- 的含量，下列说法正确的是(   )。

A. 标准滴定溶液是 $AgNO_3$ 溶液

B. 指示剂为铬酸钾

C. AgCl 的溶解度比 Ag_2CrO_4 的溶解度小，因而终点时 Ag_2CrO_4（砖红色）转变为 AgCl（白色）

D. $n(Cl^-)=n(Ag^+)$

19. 在下列情况中，对测定结果产生负误差的是(   )。

A. 以失去结晶水的硼砂为基准物质标定盐酸溶液的浓度

B. 标定氢氧化钠溶液的邻苯二甲酸氢钾中含有少量邻苯二甲酸

C. 以 HCl 标准溶液滴定某酸样时，滴定完毕滴定管尖嘴处挂有溶液

D. 测定某石料中钙镁含量时，试样在称量时吸了潮

20. 为提高滴定分析的准确度，对标准溶液必须做到(   )。

A. 正确地配制

B. 准确地标定

C. 对有些标准溶液必须当天配、当天标、当天用

D. 所有标准溶液必须计算至小数点后第四位

职业鉴定模拟试卷二

一、判断题

1. 认真负责，实事求是，坚持原则，一丝不苟地依据标准进行检验和判定是化学检验工的职业守则内容之一。（　　）

2. 化学纯试剂品质低于实验试剂。（　　）

3. 一个化学试剂瓶的标签为红色，其英文字母的缩写为 A. R. 。（　　）

4. 配制硫酸、盐酸和硝酸溶液时都应将酸注入水中。（　　）

5. 腐蚀性中毒是通过皮肤进入皮下组织，不一定立即引起表面的灼伤。（　　）

6. 实验室一级水不可贮存，需使用前制备。二级水、三级水可适量制备，分别贮存在预先经同级水清洗过的相应容器中。（　　）

7. 做的平行次数越多，结果的相对误差越小。（　　）

8. 测定的精密度好，但准确度不一定好，消除了系统误差后，精密度好的，结果准确度就好。（　　）

9. 移液管的体积校正：一支 10.00mL（20℃）的移液管，放出的水在 20℃ 时称量为 9.9814g，已知该温度时 1mL 的水质量为 0.99718g，则此移液管在校准后的体积为 10.01mL。（　　）

10. 6.78850 修约为四位有效数字是 6.788。（　　）

11. 酸碱滴定中有时需要用颜色变化明显的变色范围较窄的指示剂即混合指示剂。（　　）

12. 邻苯二甲酸氢钾不能作为标定 NaOH 标准滴定溶液的基准物。（　　）

13. EDTA 标准溶液一般用间接法配制。（　　）

14. EDTA 滴定法，目前之所以能够广泛地应用的主要原因是它能与绝大多数金属离子形成 1:1 的配合物。（　　）

15. 标定 EDTA 溶液须以二甲酚橙为指示剂。（　　）

16. 用 EDTA 测定水的硬度，在 pH = 10.0 时测定的是 Ca^{2+} 的总量。（　　）

17. 只要金属离子能与 EDTA 形成配合物，都能用 EDTA 直接滴定。（　　）

18. $KMnO_4$ 滴定草酸时，加入第一滴 $KMnO_4$ 时，颜色消失很慢，这是由于溶液中还没有生成能使反应加速进行的 Mn^{2+}。（　　）

19. 标定 $KMnO_4$ 溶液的基准试剂是 Na_2CO_3。（　　）

20. 由于 $KMnO_4$ 具有很强的氧化性，所以 $KMnO_4$ 法只能用于测定还原性物质。（　　）

21. 提高反应溶液的温度能提高氧化还原反应的速率，因此在酸性溶液中用 $KMnO_4$ 滴定 $C_2O_4^{2-}$ 时，必须加热至沸腾才能保证正常滴定。（　　）

22. 直接碘量法以淀粉为指示剂滴定时，指示剂须在接近终点时加入，终点是从蓝色变为无色。（　　）

23. 重铬酸钾可作基准物直接配成标准溶液。（　　）

24. 在滴定时，$KMnO_4$ 溶液要放在碱式滴定管中。 （　　）

25. 配制 I_2 溶液时要滴加 KI。 （　　）

26. $Na_2S_2O_3$ 标准滴定溶液是用 $K_2Cr_2O_7$ 直接标定的。 （　　）

27. $AgNO_3$ 标准溶液应装在棕色碱式滴定管中进行滴定。 （　　）

28. 莫尔法测定 Cl^- 含量，应在中性或碱性的溶液中进行。 （　　）

29. 为使沉淀溶解损失减小到允许范围加入适当过量的沉淀剂可达到目的。 （　　）

30. 分析纯的 NaCl 试剂，如不做任何处理，用来标定 $AgNO_3$ 溶液的浓度，结果会偏离。 （　　）

31. 当不慎吸入 H_2S 而感到不适时，应立即到室外呼吸新鲜空气。 （　　）

32. 凡遇有人触电，必须用最快的方法使触电者脱离电源。 （　　）

33. 用过的铬酸洗液应倒入废液缸，不能再次使用。 （　　）

34. 玛瑙研钵不能用水浸洗，而只能用酒精擦洗。 （　　）

35. 天平使用过程中要避免震动、潮湿、阳光直射及腐蚀性气体。 （　　）

36. pH＝4.02 的有效数字是三位。 （　　）

37. 在自发进行的氧化还原反应中，总是发生标准电极电势高的氧化态被还原的反应。 （　　）

38. 配合物中由于存在配位键，所以配合物都是弱电解质。 （　　）

39. 用氧化还原法测得某样品中 Fe 含量分别为 20.01%、20.03%、20.04%、20.05%。则这组测量值的相对平均偏差为 0.06%。 （　　）

40. 铬黑 T 指示剂在 pH＝7~11 范围使用，其目的是减少干扰离子的影响。 （　　）

二、单选题

1. 打开浓盐酸、浓硝酸、浓氨水等试剂瓶塞时，应在（　　）中进行。
A. 冷水浴　　　　　B. 走廊　　　　　C. 通风橱　　　　　D. 药品库

2. 铬酸洗液呈（　　）时，表明其氧化能力已降低至不能使用。
A. 黄绿色　　　　　B. 暗红色　　　　　C. 无色　　　　　D. 蓝色

3. 用 HF 处理试样时，使用的器皿材料是（　　）。
A. 玻璃　　　　　B. 玛瑙　　　　　C. 铂金　　　　　D. 陶瓷

4. 在重量分析中灼烧沉淀，测定灰分常用（　　）。
A. 电加热套　　　　　B. 电热板　　　　　C. 马弗炉　　　　　D. 电炉

5. 下述条例中（　　）不是化学实验室的一般安全守则。
A. 实验人员要严格坚守岗位、精心操作
B. 实验人员必须熟悉化验用仪器设备的性能和使用方法，并按操作规程进行操作
C. 凡遇有毒、有害类气体物时，实验人员必须在通风橱内进行，并要加强个人保护
D. 实验中产生的废酸、废碱、废渣等，集中并自行处理

6. 分析测定中出现的下列情况，属于偶然误差的是（　　）。
A. 滴定时所加试剂中含有微量的被测物质
B. 滴定管的最后一位读数偏高或偏低
C. 所用试剂含干扰离子
D. 室温升高

7. 测定某石灰石中的碳酸钙含量，得到以下数据 79.58%、79.45、79.47%、79.50%、79.62%、79.36%。其平均值的标准偏差为(   )。

   A. 0.0009   B. 0.0011   C. 0.009   D. 0.0006

8. 滴定管在记录数时，小数点后应保留(   )位。

   A. 1   B. 2   C. 3   D. 4

9. 带有玻璃活塞的滴定管常用来装(   )。

   A. 见光易分解的溶液   B. 酸性溶液

   C. 碱性溶液   D. 任何溶液

10. 在 22℃时用已洗净的 25mL 移液管，准确移取 25.00mL 纯水，置于已准确称量过的 50mL 锥形瓶中，称得水的质量为 24.9613g，此移液管在 20℃时的真实体积为(   )，22℃ 时水的密度为 0.90680g/mL。

   A. 25.00mL   B. 24.96mL   C. 25.04mL   D. 25.02mL

11. 甲基橙指示剂变色范围是 pH =(   )。

   A. 3.1~4.4   B. 4.4~6.2   C. 6.8~8.0   D. 8.2~10.2

12. 直接与金属离子配位的 EDTA 型体为(   )。

   A. H_6Y^{2+} B. H_4Y C. H_2Y^{2-} D. Y^{4-}

13. 分析室常用的 EDTA 水溶液呈(   )性。

   A. 强碱   B. 弱碱   C. 弱酸   D. 强酸

14. 以下关于 EDTA 标准溶液制备叙述中不正确的为(   )。

   A. 使用 EDTA 分析纯试剂先配成近似浓度再标定

   B. 标定条件与测定条件应尽可能接近

   C. EDTA 标准溶液应贮存于聚乙烯瓶中

   D. 标定 EDTA 溶液须用二甲酚橙指示剂

15. 某溶液主要含有 Ca^{2+}、Mg^{2+} 及少量 Fe^{3+}、Al^{3+}。在 pH = 10，加入三乙醇胺后以 EDTA 滴定，用铬黑 T 为指示剂，则测出的是(   )。

   A. Mg^{2+} 含量   B. Ca^{2+} 含量

   C. Ca^{2+} 和 Mg^{2+} 的总量   D. Fe^{3+}、Al^{3+}、Ca^{2+}、Mg^{2+}

16. 二级标准氧化锌使用前应(   )。

   A. 贮存在干燥器中   B. 贮存在试剂瓶中   C. 贮存在通风橱中   D. 贮存在药品柜中

17. 称取氯化锌试样 0.3600g，溶于水后控制溶液的酸度 pH = 6。以二甲酚橙为指示剂，用 0.1024mol/L 的 EDTA 溶液 25.00mL，滴定至终点，则氯化锌的含量为(   )。$M_{(ZnCl_2)} = 136.29g/mol$。

   A. 96.92%   B. 96.9%   C. 48.46%   D. 48.5%

18. 影响氧化还原反应平衡常数的因素是(   )。

   A. 反应物浓度   B. 催化剂   C. 温度   D. 诱导作用

19. 标定 $KMnO_4$ 标准溶液的基准物是(   )。

   A. $Na_2S_2O_3$ B. $K_2Cr_2O_7$ C. Na_2CO_3 D. $Na_2C_2O_4$

20. 下列测定中，需要加热的有(   )。

   A. $KMnO_4$ 溶液滴定 H_2O_2 B. $KMnO_4$ 溶液滴定 $H_2C_2O_4$

C. 银量法测定水中氯   D. 碘量法测定 $CuSO_4$

21. 氧化还原滴定中，硫代硫酸钠的基本单元是(　　)。

A. $Na_2S_2O_3$ B. $\frac{1}{2}Na_2S_2O_3$ C. $\frac{1}{3}Na_2S_2O_3$ D. $\frac{1}{4}Na_2S_2O_3$

22. 间接碘量法若在碱性介质下进行，由于(　　)歧化反应，将影响测定结果。

A. $S_2O_3^{2-}$ B. I^- C. I_2 D. $S_4O_6^{2-}$

23. 淀粉是一种(　　)指示剂。

A. 自身   B. 氧化还原型   C. 专属   D. 金属

24. 碘量法滴定的酸度条件为(　　)。

A. 弱酸   B. 强酸   C. 弱碱   D. 强碱

25. 二级标准草酸钠使用前应在(　　)灼烧至恒重。

A. 250~270℃   B. 800℃   C. 105~110℃   D. 270~300℃

26. 在 $I_2+2Na_2S_2O_3 \longrightarrow Na_2S_4O_6+2NaI$ 反应方程式中，I_2 与 $Na_2S_2O_3$ 的基本单元的关系为(　　)。

A. $n(I_2) = n\left(\frac{1}{4}Na_2S_2O_3\right)$ B. $n(I_2) = n\left(\frac{1}{2}Na_2S_2O_3\right)$

C. $n(I_2) = n(Na_2S_2O_3)$ D. $n\left(\frac{1}{2}I_2\right) = n(Na_2S_2O_3)$

27. Ag_2CrO_4 在25℃时，溶解度为 $8.0 \times 10^{-5}mol/L$，它的溶度积为(　　)。

A. 5.1×10^{-8} B. 6.4×10^{-9} C. 2.0×10^{-12} D. 1.3×10^{-8}

28. 在含有 $0.01mol/L$ 的 I^-、Br^-、Cl^- 溶液中逐渐加入 $AgNO_3$ 试剂，先出现的沉淀是(　　)。$[K_{sp}(AgCl) > K_{sp}(AgBr) > K_{sp}(AgI)]$

A. AgI   B. AgBr   C. AgCl   D. 同时出现

29. 某氢氧化物沉淀，既能溶于过量的氨水，又能溶于过量的 $NaOH$ 溶液的离子是(　　)。

A. Sn^{4+} B. Pb^{2+} C. Zn^{2+} D. Al^{3+}

30. 莫尔法采用 $AgNO_3$ 标准溶液测定 Cl^- 时，其滴定条件是(　　)。

A. pH 值为 2.0~4.0   B. pH 值为 6.5~10.5
C. pH 值为 4.0~6.5   D. pH 值为 10.0~12.0

31. 电气设备火灾宜用(　　)灭火。

A. 水   B. 泡沫灭火器   C. 干粉灭火器   D. 湿抹布

32. 下列论述中正确的是(　　)。

A. 准确度高一定需要精密度高   B. 分析测量的过失误差是不可避免的
C. 精密度高则系统误差一定小   D. 精密度高则准确度一定高

33. 刻度"0"在上方的用于测量液体体积的仪器是(　　)。

A. 滴定管   B. 温度计   C. 量筒   D. 烧杯

34. 在21℃时由滴定管中放出10.03mL 纯水，其质量为10.04g。查表知21℃时 1mL 纯水的质量为0.99700g。该体积段的校正值为(　　)。

A. +0.04mL   B. −0.04mL   C. 0.00mL   D. 0.03mL

35. 电子天平的显示器上无任何显示，可能产生的原因是(　　)。

A. 无工作电压　　　　　　　　　　B. 被承载物带静电

C. 天平未经调校　　　　　　　　　D. 室温及天平温度变化太大

36. 某碱试液以酚酞为指示剂，用标准盐酸溶液滴定至终点时，耗去盐酸体积为 V_1，继续以甲基橙为指示剂滴定至终点，又耗去盐酸体积为 V_2，若 $V_2 < V_1$，则此碱试液是(　　)。

A. Na_2CO_3　　　B. $Na_2CO_3 + NaHCO_3$　　C. $NaHCO_3$　　D. $NaOH + Na_2CO_3$

37. 提高配位滴定的选择性可采用的方法是(　　)。

A. 增大滴定剂的浓度　　　　　　　B. 控制溶液温度

C. 控制溶液的酸度　　　　　　　　D. 减小滴定剂的浓度

38. 共轭酸碱对中，K_a、K_b 的关系是(　　)。

A. $K_a / K_b = 1$　　B. $K_a / K_b = K_w$　　C. $K_a / K_b = 1$　　D. $K_a \cdot K_b = K_w$

39. 在 $AgCl$ 水溶液中，其 $[Ag^+] = [Cl^-] = 1.14 \times 10^{-5} mol/L$，$K_{sp}$ 为 1.8×10^{-10}，该溶液为(　　)。

A. 氯化银沉淀溶解　　B. 不饱和溶液　　C. $c[Ag^+] > [Cl^-]$　　D. 饱和溶液

40. 酸碱滴定曲线直接描述的内容是(　　)。

A. 指示剂的变色范围　　　　　　　B. 滴定过程中 pH 值变化规律

C. 滴定过程中酸碱浓度变化规律　　D. 滴定过程中酸碱体积变化规律

三、多选题

1. 实验室用水的制备方法有(　　)。

A. 蒸馏法　　　B. 离子交换法　　　C. 电渗析法　　　D. 电解法

2. 滴定误差的大小主要取决于(　　)。

A. 指示剂的性能　　B. 溶液的温度　　C. 溶液的浓度　　D. 滴定管的性能

3. 在分析中做空白试验的目的是(　　)。

A. 提高精密度　　B. 提高准确度　　C. 消除系统误差　　D. 消除偶然误差

4. 预配置 0.1mol/L 的盐酸标准溶液，需选用的量器是(　　)。

A. 烧杯　　　　B. 滴定管　　　　C. 移液管　　　　D. 量筒

5. 已知某碱溶液是 $NaOH$ 与 Na_2CO_3 的混合溶液，用 HCl 标准溶液滴定，现用酚酞做指示剂，终点时耗去 HCl 溶液 V_1mL，继而以甲基橙为指示剂滴定至终点时又耗去 HCl 溶液 V_2mL，则 V_1 与 V_2 的关系不应是(　　)。

A. $V_1 = V_2$　　　B. $2V_1 = V_2$　　　C. $V_1 < V_2$　　　D. $V_1 = 2V_2$

6. EDTA 作为配位剂具有的特性是(　　)。

A. 生成的配合物稳定性很高

B. 能提供 6 对电子，所以 EDTA 与金属离子形成 1∶1 配合物

C. 生成的配合物大都难溶于水

D. 均生成无色配合物

7. 在配位滴定中，消除干扰离子的方法有(　　)。

A. 掩蔽法　　　　　　　　　　　　B. 预先分离法

C. 改用其他滴定剂法　　　　　　　D. 掩制溶液酸度法

8. 在 EDTA 配位滴定中，铬黑 T 指示剂常用于(　　)。

A. 测定钙镁总量　　B. 测定铁铝总量　　C. 测定镍含量　　D. 测定锌镉总量

9. EDTA 的副反应有(　　)。

A. 配位效应　　　　B. 水解效应　　　　C. 共存离子效应　　　D. 酸效应

10. 下列反应中，氧化剂与还原剂物质的量的关系为 1∶2 的是(　　)。

A. $O_3+2KI+H_2O \Longrightarrow 2KOH+I_2+O_2$

B. $2CH_3COOH+Ca(ClO)_2 \Longrightarrow 2HClO+Ca(CHCOO)_2$

C. $I_2+2NaClO_3 \Longrightarrow 2NaIO_3+Cl_2$

D. $4HCl+MnO_2 \Longrightarrow MnCl_2+Cl_2\uparrow+2H_2O$

11. 影响氧化还原反应速度的因素有(　　)。

A. 反应的温度　　　　　　　　　　B. 氧化还原反应的平衡常数

C. 反应物的浓度　　　　　　　　　D. 催化剂

12. 在 $Na_2S_2O_3$ 标准滴定溶液的标定过程中，下列操作错误的是(　　)。

A. 边滴定边剧烈摇动

B. 加入过量 KI，并在室温和避免阳光直射的条件下滴定

C. 在 70~80℃ 恒温条件下滴定

D. 滴定一开始就加入淀粉指示剂

13. 对于间接碘量法测定氧化性物质，下列说法正确的是(　　)。

A. 被滴定的溶液应为中性或弱酸性

B. 被滴定的溶液中应有适当过量的 KI

C. 近终点时加入指示剂，滴定终点时被滴定的溶液蓝色刚好消失

D. 被滴定的溶液中存在的铜离子对测定无影响

14. 配制 $KMnO_4$ 溶液时，煮沸腾 5min 是为(　　)。

A. 除去试液中杂质　　　　　　　　B. 赶出 CO_2

C. 加快 $KMnO_4$ 溶解　　　　　　　D. 除去蒸馏水中还原性物质

15. $Na_2S_2O_3$ 溶液不稳定的原因是(　　)。

A. 诱导作用　　　　　　　　　　　B. 还原性杂质的作用

C. H_2CO_3 的作用　　　　　　　　　D. 空气的氧化作用

16. 在拟定应用氧化还原滴定操作中属于应注意的问题是(　　)。

A. 共存物对此方法的干扰　　　　　B. 滴定终点确定的难易掌握程度

C. 方法的准确度　　　　　　　　　D. 滴定管材质的选择

17. 硝酸银滴定溶液标准物质规定，0.1mol/L 的硝酸银滴定溶液标准物质的下列说法正确的有(　　)。

A. 在 25℃±5℃ 条件下保存　　　　B. 在 20℃±2℃ 条件下保存

C. 稳定贮存有效期为 6 个月　　　　D. 使用时应将溶液直接倒入滴定管中，以防污染

18. 在下列情况中，对结果产生正误差的是(　　)。

A. 以 HCl 标准溶液滴定某碱样，所用滴定管因未洗净，滴定时管内壁挂有液滴

B. 以 $K_2Cr_2O_7$ 为基准物、用碘量法标定 $Na_2S_2O_3$ 溶液的浓度时，滴定速度过快，并过早读出滴定管读数

C. 标定标准溶液的基准物质，在称量时吸潮了（标定时用直接法）

D. EDTA 标准溶液滴定钙镁含量时，滴定速度过快

19. 有关容量瓶的使用错误的是（　　）。

A. 通常可以用容量瓶代替试剂瓶使用

B. 先将固体药品转入容量瓶后加水溶解配制标准溶液

C. 用后洗净用烘箱烘干

D. 定容时，无色溶液弯月面下缘和标线相切即可

20. 配制 $Na_2S_2O_3$ 标准溶液时，应用新煮沸的冷却蒸馏水并加入少量的 Na_2CO_3，其目的是（　　）。

A. 防止 $Na_2S_2O_3$ 氧化　　　　　　　B. 增加 $Na_2S_2O_3$ 溶解度

C. 驱除 CO_2　　　　　　　　　　　　D. 易于过滤

E. 杀死微生物

职业鉴定模拟试卷三

一、判断题

1. 分析检验的目的是为了获得样本的情况，而不是为了获得总体物料的情况。（　　）

2. 分析纯化学试剂标签颜色为蓝色。（　　）

3. 指示剂属于一般试剂。（　　）

4. 石英玻璃器皿耐酸性很强，在任何实验条件下均可以使用。（　　）

5. 配制盐酸标准溶液可以采用直接配制方法。（　　）

6. 做空白试验，可以减少滴定分析中的偶然误差。（　　）

7. 准确度表示分析结果与真实值接近的程度。它们之间的差别越大，则准确度越高。
（　　）

8. 两位分析者同时测定某一试样中硫的质量分数，称取试样均为 3.5g，分别报告结果如下：甲：0.042%，0.041%；乙：0.04099%，0.04201%。甲的报告是合理的。（　　）

9. 分析测定结果的偶然误差可通过适当增加平行测定次数来减免。（　　）

10. 用 0.1mol/L NaOH 溶液滴定 100mL 0.1mol/L 盐酸时，如果滴定误差在 ±0.1% 以内，反应完毕后，溶液的 pH 值范围为 4.3~9.7。（　　）

11. 配离子的配位键越稳定，其稳定常数越大。（　　）

12. 滴定各种金属离子的最低 pH 值与其对应 $\lg K_稳$ 绘成的曲线，称为 EDTA 的酸效应曲线。（　　）

13. 能直接进行配位滴定的条件是 $cK_稳 \geq 10^6$。（　　）

14. 用 EDTA 法测定试样中的 Ca^{2+} 和 Mg^{2+} 含量时，先将试样溶解，然后调节溶液 pH 值为 5.5~6.5 并进行过滤，目的是去除 Fe、Al 等干扰离子。（　　）

15. 提高配位滴定选择性的常用方法有：控制溶液酸度和利用掩蔽的方法。（　　）

16. 酸效应曲线的作用就是查找各种金属离子所需的滴定最低酸度。（　　）

17. 在酸性溶液中，以 $KMnO_4$ 溶液滴定草酸盐时，滴定速度应该开始缓慢进行，以后逐渐加快。（　　）

18. 用碘量法测定铜时，加入 KI 的三个作用是做还原剂、沉淀剂和配位剂。（　　）

19. 间接碘量法能在酸性溶液中进行。（　　）

20. 由于 $KMnO_4$ 性质稳定，可作基准物直接配制成标准溶液。（　　）

21. 配制好的 $KMnO_4$ 溶液要盛放存棕色瓶中保护，如果没有棕色瓶应放在避光处保存。
（　　）

22. 配制好的 $Na_2S_2O_3$ 标准溶液应立即用基准物质 $K_2Cr_2O_7$ 标定。（　　）

23. $KMnO_4$ 可在室温条件下滴定草酸。（　　）

24. $KMnO_4$ 法可在 HNO_3 介质中进行。（　　）

25. 直接碘量法主要用于测定具有较强还原性的物质，间接碘量法主要用于测定具有氧化性的物质。（　　）

26. 用氯化钠基准试剂标定 $AgNO_3$ 溶液浓度时，溶液酸度过大，会使标定结果没有影响。

（　　）

27. 在法扬司法中，为了使沉淀具有较强的吸附能力，通常加入适量的糊精或淀粉使沉淀处于胶体状态。（　　）

28. 根据同离子效应，可加入大量沉淀剂以降低沉淀在水中的溶解度。（　　）

29. 用莫尔法测定水中的 Cl^- 采用的是直接法。（　　）

30. 在莫尔法测定溶液中 Cl^- 时，若溶液酸度过低。会使结果由于 AgO 的生成而产生误差。

（　　）

31. 化验室的安全包括：防火、防爆、防中毒、防腐蚀、防烫伤、保证压力容器和气瓶的安全、电器的安全以及防止环境污染等。（　　）

32. 在使用 HF 时，为预防烧伤可套上纱布手套或线手套。（　　）

33. 分析用水的质量要求中，不用进行检验的指标是密度。（　　）

34. 实验室所用的玻璃仪器都要经过国家计量基准器具的鉴定。（　　）

35. 酸式滴定管可以用洗涤剂直接刷洗。（　　）

36. 弱酸的电离度越大，其酸性越强。（　　）

37. 氧化还原反应次序是电极电位相差最大的两电对先反应。（　　）

38. 电负性大的元素充当配位原子，其配位能力强。（　　）

39. 同一种中心离子与有机配位体形成的配合物往往要比与无机配合体形成的配合物更稳定。（　　）

40. 滴定管、移液管和容量瓶校准的方法有称量法和相对校准法。（　　）

二、单选题

1. 应该放在远离有机物及还原性物质的地方，使用时不能戴橡皮手套的是（　　）。
A. 浓硫酸　　　　　B. 浓盐酸　　　　　C. 浓硝酸　　　　　D. 浓高氯酸

2. 作为基准试剂，其杂质含量应略低于（　　）。
A. 分析纯　　　　　B. 优级纯　　　　　C. 化学纯　　　　　D. 实验试剂

3. 急性呼吸系统中毒后的急救方法正确的是（　　）。
A. 要反复进行多次洗胃
B. 立即用大量自来水冲洗
C. 用3%~5%碳酸氢钠溶液或用（1∶5000）高锰酸钾溶液洗胃
D. 应使中毒者迅速离开现场，移到通风良好的地方，呼吸新鲜空气

4. 国家标准规定的实验室用水分为（　　）级。
A. 4　　　　　　　B. 5　　　　　　　C. 3　　　　　　　D. 2

5. 下面不宜加热的仪器是（　　）。
A. 试管　　　　　　B. 坩埚　　　　　　C. 蒸发皿　　　　　D. 移液管

6. 对实验室安全用电的叙述正确的是（　　）。
A. 在安装调试用电仪器时，不需要首先检验仪器外壳是否带电
B. 不得用手直接开关刀闸
C. 电冰箱制冷不好时，可自行检查
D. 烘箱不升温时，应带电检修

7. 测量结果与被测值之间的一致程度，称为(   )。

A. 重复性　　　　　B. 再现性　　　　　C. 准确性　　　　　D. 精密性

8. NaAc 溶解于水，其 pH 值(   )。

A. 大于7　　　　　B. 小于7　　　　　C. 等于7　　　　　D. 为0

9. 讨论酸碱滴定曲线的最终目的是(   )。

A. 了解滴定过程　　　　　　　　B. 找出溶液 pH 值变化规律

C. 找出 pH 值突跃范围　　　　　D. 选择合适的指示剂

10. 称量法测定硅酸盐中 SiO_2 的含量结果分别是 37.40%、37.20%、37.30%、37.50%、37.30%，其平均偏差是(   )。

A. 0.00088　　　　B. 0.0024　　　　C. 0.0001　　　　D. 0.00122

11. 进行移液管和容量瓶的相对校正时(   )。

A. 移液管和容量瓶的内壁都必须绝对干燥

B. 移液管和容量瓶的内壁都不必干燥

C. 容量瓶的内壁必须绝对干燥，移液管内壁可以不干燥

D. 容量瓶的内壁可以不干燥，移液管必须绝对干燥

12. 用基准无水碳酸钠标定 0.100mol/L 盐酸，宜选用(   )作指示剂。

A. 溴甲酚绿-甲基红　　B. 酚酞　　　　C. 百里酚蓝　　　　D. 二甲酚橙

13. 测定某混合碱时，用酚酞做指示剂时所消耗的盐酸标准溶液比继续加甲基橙作指示剂所消耗的盐酸标准溶液多，说明该混合碱的组成为(   )。

A. Na_2CO_3+$NaHCO_3$　　　　　　B. Na_2CO_3+NaOH

C. $NaHCO_3$+NaOH　　　　　　　　D. Na_2CO_3

14. 关于 EDTA，下列说法不正确的是(   )。

A. EDTA 是乙二胺四乙酸的简称　　B. 分析工作中一般用乙二胺四乙酸二钠盐

C. EDTA 与钙离子以 1∶2 的关系配合　　D. EDTA 与金属离子配合形成螯合物

15. 已知 $M_{(ZnO)}$ = 81.38g/mol，用它来标定 0.02mol 的 EDTA 溶液，宜称取 ZnO 为(   )。

A. 4g　　　　　　B. 1g　　　　　　C. 0.4g　　　　　D. 0.04g

16. 配位滴定中使用的指示剂是(   )。

A. 吸附指示剂　　B. 自身指示剂　　C. 金属指示剂　　D. 酸碱指示剂

17. 二级标准氧化锌用前应在(   )灼烧至恒重。

A. 250~270℃　　B. 800℃　　　　C. 105~110℃　　　D. 270~300℃

18. 在 pH=4~5 条件下，测定铜盐中铜的含量所选择的指示剂是(   )。

A. 二甲酚橙　　　B. 铬黑 T　　　　C. 钙指示剂　　　D. PAN

19. 高锰酸钾一般不能用于(   )。

A. 直接滴定　　　B. 间接滴定　　　C. 返滴定　　　　D. 置换滴定

20. 在用 $KMnO_4$ 法测定 H_2O_2 含量时，为加快反应可加入(   )。

A. H_2SO_4　　　　B. $MnSO_4$　　　　C. $KMnO_4$　　　　D. NaOH

21. 在酸性介质中，用 $KMnO_4$ 溶液滴定草酸盐溶液，滴定应(   )。

A. 在室温下进行　　　　　　　　B. 将溶液煮沸后即进行

C. 将溶液煮沸，冷至85℃进行　　D. 将溶液加热到75~85℃进行

22. 在间接碘量法中，若酸度过强，则会有(　　　　)产生。

A. SO_2　　　　　　B. S　　　　　　C. SO_2 和 S　　　　　　D. H_2S

23. 高锰酸钾法滴定溶液常用的酸碱条件是(　　　　)。

A. 强碱　　　　　　B. 弱碱　　　　　　C. 中性　　　　　　D. 强酸

E. 弱酸

24. 下列几种标准溶液一般采用直接法配制的是(　　　　)。

A. $KMnO_4$ 标准溶液　　　　　　　　B. I_2 标准溶液

C. $K_2Cr_2O_7$ 标准溶液　　　　　　　　D. $Na_2S_2O_3$ 标准溶液

25. 碘量法测定铜盐中铜的含量，利用的反应为：$CuSO_4 + 4I^- \Longrightarrow 2CuI \downarrow + I_2$，$I_2 + 2Na_2S_2O_3 \longrightarrow Na_2S_4O_6 + 2NaI$，则 $CuSO_4$ 与 $Na_2S_2O_3$ 的基本单元的关系是(　　　　)。

A. $n\left(\frac{1}{4}CuSO_4\right) = n(Na_2S_2O_3)$　　　　　　B. $n\left(\frac{1}{2}CuSO_4\right) = n(Na_2S_2O_3)$

C. $n(CuSO_4) = n(Na_2S_2O_3)$　　　　　　D. $n\left(\frac{1}{2}CuSO_4\right) = n\left(\frac{1}{2}Na_2S_2O_3\right)$

26. 25℃时 AgCl 在纯水中的溶解度为 $1.34×10^{-5}$mol/L，则该温度下 AgCl 的 K_{sp} 为(　　　　)。

A. $8.8×10^{-10}$　　　　B. $3.56×10^{-10}$　　　　C. $3.5×10^{-10}$　　　　D. $1.8×10^{-10}$

27. 向含有 Ag^+、Hg_2^{2+}、Al^{3+}、Cd^{2+}、Sr^{2+} 的混合溶液中，滴加稀盐酸，将(　　　　)生成沉淀。

A. Ag^+、Hg_2^{2+}　　　B. Al^{3+}、Cd^{2+}、Sr^{2+}　　　C. Al^{3+}、Sr^{2+}　　　D. 只有 Ag^+

28. $AgNO_3$ 与 NaCl 反应，在等量点时 Ag^+ 的浓度为(　　　　)。已知 $K_{sp}(AgCl) = 1.8×10^{-10}$。

A. $2.0×10^{-5}$　　　　B. $1.34×10^{-5}$　　　　C. $2.0×10^{-6}$　　　　D. $1.34×10^{-6}$

29. 莫尔法测 Cl^- 含量，要求介质的 pH 值在 6.5～10.0 范围，若酸度过高，则(　　　　)。

A. AgCl 沉淀不完全　　　　　　　　B. AgCl 沉淀易胶溶

C. AgCl 沉淀 Cl^- 吸附性增强　　　　　　D. Ag_2CrO_4 沉淀不易形成

30. 用莫尔法测定氯离子时，终点颜色为(　　　　)。

A. 白色　　　　　　B. 砖红色　　　　　　C. 灰色　　　　　　D. 蓝色

31. 实验用水电导率的测定要注意避免空气中的(　　　　)溶于水，使水的电导率(　　　　)。

A. O_2、减小　　　B. CO_2、增大　　　C. O_2、增大　　　D. CO_2、减小

32. 标准偏差的大小说明(　　　　)。

A. 数据的分散程度　　　　　　　　B. 数据与平均值的偏离程度

C. 数据的大小　　　　　　　　　　D. 数据的集中程度

33. 将 1245.51 修约为四位有效数字，正确的是(　　　　)。

A. $1.246×10^3$　　　B. 1245　　　C. $1.245×10^3$　　　D. $12.45×10^3$

34. 要准确量取 25.00mL 的稀盐酸，可用的量器是(　　　　)。

A. 25mL 的量筒　　　　　　　　　　B. 25mL 的酸式滴定管

C. 25mL 的碱式滴定管　　　　　　　　D. 25mL 的烧杯

35. 在分析天平上称出一份样品，称前调整零点为 0，当砝码加到 12.24g 时，投影屏映出停点为 +4.6mg，称后检查零点为 -0.2mg，该样品的质量为(　　　　)。

A. 12.2448g　　　B. 12.2451g　　　C. 12.2446g　　　D. 12.2441g

36. 配位滴定终点呈现的是(　　)的颜色。

A. 金属–指示剂配合物　　　　　　　B. 配位剂–指示剂混合物

C. 游离金属指示剂　　　　　　　　　D. 配位剂–金属配合物

37. 若以冰醋酸作溶剂，四种酸：(1)$HClO_4$(2)HNO_3(3)HCl(4)H_2SO_4的强度顺序应为(　　)。

A. 2，4，1，3　　　B. 1，4，3，2　　　C. 4，2，3，1　　　D. 3，2，4，1

38. 判断玻璃仪器是否洗净的标准，是观察器壁上(　　)。

A. 附着的水是否聚成水滴　　　　　　B. 附着的水是否形成均匀的水膜

C. 附着的水是否可成股地流下　　　　D. 是否附有可溶于水的脏物

39. 进行中和滴定时，事先不应该用所盛溶液润洗的仪器是(　　)。

A. 酸式滴定管　　B. 碱式滴定管　　C. 锥形瓶　　D. 移液管

40. 关于天平砝码的取用方法，正确的是(　　)。

A. 戴上手套用手取　　B. 拿纸条夹取　　C. 用镊子夹取　　D. 直接用手取

三、多选题

1. 下列陈述正确的是(　　)。

A. 国家规定的实验室用水分为三级

B. 各级分析用水均应使用密闭的专用聚乙烯容器

C. 三级水可使用密闭的专用玻璃容器

D. 一级水不可贮存，使用前制备

2. 有关称量瓶的使用正确的是(　　)。

A. 不可作反应器　　　　　　　　　　B. 不用时要盖紧盖子

C. 盖子要配套使用　　　　　　　　　D. 用后要洗净

3. 为了提高分析结果的准确度，必须(　　)。

A. 选择合适的标准溶液浓度　　　　　B. 增加测定次数

C. 去除样品中的水分　　　　　　　　D. 增加取样量

4. 有一碱液，其中可能只含 NaOH、$NaHCO_3$、Na_2CO_3，也可能含 NaOH 和 Na_2CO_3 或 $NaHCO_3$ 和 Na_2CO_3。现取一定量试样，加适量水后加酚酞指示剂。用 HCl 标准溶液滴定至酚酞变色时，消耗 HCl 标准溶液 V_1mL，再加入甲基橙指示剂，继续用同浓度的 HCl 标准溶液滴定至甲基橙变色为终点，又消耗 HCl 标准溶液 V_2mL，当此碱液是混合物时，V_1 和 V_2 的关系为(　　)。

A. $V_1>0$，$V_2=0$　　B. $V_1=0$，$V_2>0$　　C. $V_1>V_2$　　D. $V_1<V_2$

5. 关于 EDTA，下列说法正确的是(　　)。

A. EDTA 是乙二胺四乙酸的简称　　　B. 分析工作中一般用乙二胺四乙酸二钠盐块

C. EDTA 与 Ca^{2+} 以 1:2 的比例配合　　D. EDTA 与金属离子配位形成螯合物

6. EDTA 与金属离子的配合物有如下特点(　　)。

A. EDTA 具有广泛的配位性能，几乎能与所有金属离子形成配合物

B. EDTA 配合物配位比简单，多数情况下都形成 1:1 配合物

C. EDTA 配合物难溶于水，使配位反应较迅速

D. EDTA 配合物稳定性高，能与金属离子形成具有多个五元环结构的螯合物

7. 提高配位滴定的选择性可采用的方法是(　　　)。

A. 增大滴定剂的浓度　　　　　　　　B. 控制溶液的温度

C. 控制溶液的酸度　　　　　　　　　D. 利用掩蔽剂消除干扰

8. EDTA 法测定水的总硬度是在 pH =(　　　)的缓冲溶液中进行，钙硬度是在 pH =
(　　　)的缓冲溶液中进行。

A. 7　　　　　　　　B. 8　　　　　　　　C. 10　　　　　　　　D. 12

9. 已知 X_2、Y_2、Z_2、W_2 四种物质的氧化能力为：$W_2>Z_2>X_2>Y_2$，下列氧化还原反应可能发生的是(　　　)。

A. $2W^-+Z_2\!\!=\!\!=\!\!2Z^-+W_2$　　　　　　　B. $2X^-+Z_2\!\!=\!\!=\!\!2Z^-+X_2$

C. $2Y^-+W_2\!\!=\!\!=\!\!2W^-+Y_2$　　　　　　　D. $2Z^-+X_2\!\!=\!\!=\!\!2X^-+Z_2$

E. $2Z^-+Y_2\!\!=\!\!=\!\!2Y^-+Z_2$

10. 配置 $Na_2S_2O_3$ 标准溶液时，以下操作正确的是(　　　)。

A. 用煮沸冷却后的蒸馏水配制　　　　B. 加少许 Na_2CO_3

C. 配置后放置 8~10 天再标定　　　　　D. 配制后应立即标定

11. 为减小间接碘量法的分析误差，滴定时可用下列(　　　)方法。

A. 快摇慢滴　　　　　　　　　　　　B. 慢摇快滴

C. 开始慢摇快滴，终点前快摇　　　　D. 反应时放置暗处

12. 碘量法分为(　　　)。

A. 直接碘量法　　　B. 氧化法　　　C. 返滴定法　　　D. 间接碘量法

13. 重铬酸钾法与高锰酸钾法相比，其优点有(　　　)。

A. 应用范围广　　　　　　　　　　　B. $K_2Cr_2O_7$ 溶液稳定

C. $K_2Cr_2O_7$ 无公害　　　　　　　　D. $K_2Cr_2O_7$ 易于提纯

E. 在稀盐酸溶液中，不受 Cl^- 影响

14. $Na_2S_2O_3$ 的标准溶液不是采用直接法配制而是采用标定法，是因为(　　　)。

A. 无水 $Na_2S_2O_3$ 摩尔质量小

B. 结晶 $Na_2S_2O_3$ 含有少量杂质，在空气易风化和潮解

C. 结晶的 $Na_2S_2O_3$ 含有结晶水，不稳定

D. 其水溶液不稳定，容易分解

15. 向含有 Ag^+、Hg_2^{2+}、Al^{3+}、Pb^{2+}、Cd^{2+}、Sr^{2+} 的混合溶液中，滴加稀盐酸，能成沉淀的离子是(　　　)。

A. Ag^+　　　　　　B. Pb^{2+}　　　　　　C. Sr^{2+}　　　　　　D. Al^{3+}

E. Hg_2^{2+}

16. 根据确定终点的方法不同，银量法分为(　　　)

A. 莫尔法　　　　B. 福尔哈德法　　　　C. 碘量法　　　　D. 法扬司法

17. 在实验室中引起火灾的通常原因包括(　　　)。

A. 明火　　　　　　　　　　　　　　B. 电器保养不良

C. 仪器设备在不使用时未关闭电源　　D. 使用易燃物品时粗心大意

E. 长时间用电导致仪器发热

18. 用万分之一的分析天平称取 1g 样品，则称量所引起的误差是(　　　)。

A. ±0.1mg   B. ±0.1%   C. ±0.01%   D. ±1%

19. 被高锰酸钾溶液污染的滴定管可用(　　)溶液洗涤。

A. 铬酸洗液   B. 碳酸钠   C. 草酸   D. 硫酸亚铁

20. 属于化学试剂中标准物质的特征是(　　)。

A. 组成均匀   B. 性质稳定   C. 化学成分已确定   D. 辅助元素含量准确

职业鉴定模拟试卷四

一、判断题

1. SI 为国际单位制的简称。 （　）
2. 优级纯化学试剂为深蓝色标志。 （　）
3. 对照试验是用以检查试剂或蒸馏水是否含有被鉴定离子。 （　）
4. 平均偏差常用来表示一组测量数据的分散程度。 （　）
5. 同一种中心离子与有机配位体形成的配合物往往要比与无机配位体形成的配合物更稳定。 （　）
6. 使用滴定管时，每次滴定应从"0"分度开始，是为了减少偶然误差。 （　）
7. pH＝3.05 的有效数字是两位。 （　）
8. 贮存易燃、易爆及强氧化性物质时，最高温度不能高于 30℃。 （　）
9. 若想使容量瓶干燥，可在烘箱中烘烤。 （　）
10. 对滴定终点颜色的判断，有人偏深有人偏浅，所造成的误差为系统误差。 （　）
11. 酸碱滴定法测定相对分子质量较大的难溶于水的羧酸时，可采用中性乙醇为溶剂。 （　）
12. 双指示剂法测定混合碱含量，已知试样消耗标准滴定溶液盐酸的体积 $V_1 > V_2$，则混合碱的组成为 Na_2CO_3+NaOH。 （　）
13. 酚酞和甲基橙都可用于强碱滴定弱酸的指示剂。 （　）
14. 用 NaOH 标准滴定溶液分别滴定体积相同的 H_2SO_4 和 HCOOH 溶液，若消耗 NaOH 体积相同，则有 $c(H_2SO_4)=c(HCOOH)$。 （　）
15. 溶液的 pH 值越小，金属离子与 EDTA 配位反应能力越低。 （　）
16. 铬黑 T 指示剂在 pH 值为 7~11 范围使用，其目的是为减少干扰离子的影响。 （　）
17. 若被测金属离子与 EDTA 配位反应速率慢，则一般可采用置换滴定方式进行测定。 （　）
18. 在配位反应中，当溶液的 pH 值一定时，K_{MY} 越大则 K'_{MY} 就越大。 （　）
19. 溶液的酸度越高，$KMnO_4$ 氧化草酸钠的反应进行得越完全，所以用基准草酸钠标定 $KMnO_4$ 溶液时，溶液的酸度越高越好。 （　）
20. $KMnO_4$ 标准溶液测定 MnO_2 含量，用的是直接滴定法。 （　）
21. 在水的总硬度测定中，必须依据水中 Ca^{2+} 的性质选择滴定条件。 （　）
22. 间接碘量法要求在暗处静置溶液，是为了防止 I^- 被氧化。 （　）
23. 由于 $K_2Cr_2O_7$ 容易提纯，干燥后可作为基准物直接配制标准液，不必标定。 （　）
24. 间接碘法中应在接近终点时加入淀粉指示剂。 （　）
25. $KMnO_4$ 所使用的强酸通常是 H_2SO_4。 （　）
26. $KMnO_4$ 标准滴定溶液是直接配制的。 （　）
27. 碘量法或其他生成挥发性物质的定量分析都要使用碘量瓶。 （　）

28. 由于 $K_{sp}(Ag_2CrO_4) = 2.0 \times 10^{-12}$ 小于 $K_{sp}(AgCl) = 1.8 \times 10^{-10}$，因此在 CrO_4^{2-} 和 Cl^- 浓度相等时，滴加硝酸盐，铬酸银首先沉淀下来。　　　　　　　　　　　（　　）

29. 银量法测定氯离子含量时，应在中性或弱酸性溶液中进行。　　　　　　（　　）

30. 莫尔法可以用于样品中 I^- 的测定。　　　　　　　　　　　　　　　（　　）

31. 在实验室里，倾注和使用易燃、易爆物时，附近不得有明火。　　　　　（　　）

32. 实验室三级水 pH 值的测定应在 5.0~7.5 之间，可用精密 pH 试纸或酸碱指示剂检验。　　　　　　　　　　　　　　　　　　　　　　　　　　　　　（　　）

33. 石英器皿不与任何酸作用。　　　　　　　　　　　　　　　　　　　　（　　）

34. 若想使滴定管干燥，可在烘箱中烘烤。　　　　　　　　　　　　　　　（　　）

35. 要改变分析天平的灵敏度可调节平衡螺丝。　　　　　　　　　　　　　（　　）

36. 酸碱滴定法测定分子量较大的难溶于水的羧酸时，可采用中性乙醇为溶剂。（　　）

37. 强酸滴定弱碱达到化学计量点时 pH>7。　　　　　　　　　　　　　　（　　）

38. 氧化还原反应的方向取决于氧化还原能力的大小。　　　　　　　　　　（　　）

39. 金属指示剂与金属离子生成的配合物越稳定，测定准确度越高。　　　　（　　）

40. 工业分析用样品保存时间一般为 6 个月。　　　　　　　　　　　　　　（　　）

二、单选题

1. 因吸入少量氯气、溴蒸气而中毒者，可用（　　）漱口。

A. 碳酸氢钠溶液　　　B. 碳酸钠溶液　　　C. 硫酸铜溶液　　　D. 醋酸溶液

2. 某一试剂其标签上英文缩写为 A.R.，其应为（　　）。

A. 优级纯　　　　　B. 化学纯　　　　　C. 分析纯　　　　　D. 生化试剂

3. 实验室三级水不能用以下办法来进行制备的是（　　）。

A. 蒸馏　　　　　　B. 电渗析　　　　　C. 过滤　　　　　　D. 离子交换

4. 当被加热的物体要求受热均匀而温度不超过 100℃ 时，选用的加热方式是（　　）。

A. 恒温干燥箱　　　B. 电炉　　　　　　C. 煤气灯　　　　　D. 水浴锅

5. 下述条例中（　　）不是化学实验室的一般安全守则。

A. 不使用无标签（或标志）容器盛放试剂、试样

B. 严格遵守安全用电规程，使用前应用手检查仪器的接地效果

C. 实验完毕，实验人员必须洗手后方可进食，化验室内禁止吸烟和堆放个人物品

D. 化验室内应配足消防器材，实验人品必须熟悉其使用方法，并定期检查、更换过期的消防器材

6. 下列各措施中可减小偶然误差的是（　　）。

A. 校准砝码　　　　　　　　　　　　B. 进行空白试验

C. 增加平行测定次数　　　　　　　　D. 进行对照试验

7. 三人对同一样品分析，采用同样的方法，测的结果为：甲：31.27%、31.26%、31.28%，乙：31.17%、31.22%、31.21%，丙：31.32%、31.28%、31.30%，则甲乙丙三人精密度的高低顺序为（　　）。

A. 甲>丙>乙　　　B. 甲>乙>丙　　　C. 乙>甲>丙　　　D. 丙>甲>乙

8. 下列四个数据中修改为四位有效数字后为 0.5624 的是（　　）。

（1）0.56235；（2）0.562349；（3）0.56245；（4）0.562451.

A.（1），（2）　　　　B.（3），（4）　　　　C.（1），（3）　　　　D.（2），（4）

9. 碱式滴定管常用来装（　　）。

A. 碱性溶液　　　　B. 酸性溶液　　　　C. 任何溶液　　　　D. 氧化性溶液

10. 标定 NaOH 溶液常用的基准物是（　　）。

A. 无水 Na_2CO_3　　　　B. 邻苯二甲酸氢钾　　　C. $CaCO_3$　　　　D. 硼砂

11. 已知 $K_{b(NH_3)} = 1.8×10^{-5}$，则其共轭酸的 K_a 值为（　　）。

A. $1.8×10^{-9}$　　　B. $1.8×10^{-10}$　　　C. $5.6×10^{-10}$　　　D. $5.6×10^{-5}$

12. EDTA 与大多数金属离子的配位关系是（　　）。

A. 1：1　　　　B. 1：2　　　　C. 2：2　　　　D. 2：1

13. EDTA 的有效浓度 [Y] 与酸度有关，它随着溶液 pH 值增大而（　　）。

A. 增大　　　　B. 减小　　　　C. 不变　　　　D. 先增大后减小

14. 配位滴定所用的金属指示剂同时也是一种（　　）。

A. 掩蔽剂　　　　B. 显色剂　　　　C. 配位剂　　　　D. 弱酸弱碱

15. 配位滴定中，使用金属指示剂二甲酚橙，要求溶液的酸度条件是（　　）。

A. pH 值为 6.3~11.6　　　　　　　　B. pH = 6.0

C. pH > 6.0　　　　　　　　　　　　D. pH < 6.0

16. 国家标准规定的标定 EDTA 溶液的基准试剂是（　　）。

A. MgO　　　　B. ZnO　　　　C. Zn 片　　　　D. Cu 片

17. 取水样 100mL，调节 pH = 10，以铬黑 T 为指示剂，用 $c(EDTA) = 0.01000mol/L$，EDTA 标准滴定溶液滴定至终点，用去 EDTA 23.45mL，另取同一水样 100mL，调节 pH = 12，用钙指示剂指示终点，消耗 EDTA 标准滴定溶液为 14.75mL，则水样中 Mg 的含量为（　　）。$M_{(Ca)} = 40.08g/mol$，$M_{(Mg)} = 24.30g/mol$。

A. 35.85mg/L　　　B. 21.14mg/L　　　C. 25.10mg/L　　　D. 59.12mg/L

18. 二级标准重铬酸钾用前应在（　　）灼烧至恒重。

A. 250~270℃　　　B. 800℃　　　　C. 120℃　　　　D. 270~300℃

19. $KMnO_4$ 法测石灰中 Ca 含量，先沉淀为 CaC_2O_4，再经过滤、洗涤后溶于 H_2SO_4 中，最后用 $KMnO_4$ 滴定 $H_2C_2O_4$，Ca 的基本单元为（　　）。

A. Ca　　　　B. 1/2Ca　　　　C. 1/5Ca　　　　D. 1/3Ca

20. 用 $KMnO_4$ 标准溶液测定 MnO_2 时，滴定至粉红色为终点。滴定完成后 5min。发现溶液粉红色消失，其原因是（　　）。

A. H_2O_2 未反应完全　　　　　　　B. 实验室还原性气氛使之褪色

C. $KMnO_4$ 部分生成了 MnO_2　　　D. $KMnO_4$ 标准溶液浓度太稀

21. 在间接碘量法中，滴定终点的颜色变化是（　　）。

A. 蓝色恰好消失　　B. 出现蓝色　　　C. 出现浅黄色　　　D. 黄色恰好消失

22. 用 $KMnO_4$ 滴定无色或浅色的还原剂溶液时，所用的指示剂为（　　）。

A. 自身指示剂　　　B. 酸碱指示剂　　　C. 金属指示剂　　　D. 专属指示剂

23. 以 $K_2Cr_2O_7$ 标定 $Na_2S_2O_3$ 标准溶液时，滴定前加水稀释时是为了（　　）。

A. 便于滴定操作　　　　　　　　　　B. 保持溶液的弱酸性

C. 防止淀粉凝聚　　　　　　　　　　D. 防止碘挥发

24. 二级标准草酸钠使用前应(   )。
A. 贮存在于燥器中   B. 贮存在试剂瓶中   C. 贮存在通风橱中   D. 贮存在药品柜中

25. 配制高锰酸钾溶液 $c(KMnO_4)=0.1mol/L$，则高锰酸钾基本单元的浓度 $c\left(\frac{1}{5}KMnO_4\right)$ 为(   )。
A. 0.02mol/L   B. 0.1mol/L   C. 0.5mol/L   D. 0.25mol/L

26. 在 AgCl 水溶液中，其 $[Ag^+]=[Cl^-]=1.34\times10^{-5}mol/L$，AgCl 的 $K_{sp}=1.8\times10^{-10}$，该溶液为(   )。
A. AgCl 沉淀溶解   B. 不饱和溶液   C. $c[Ag^+]>[Cl^-]$ D. 饱和溶液

27. 对于一难溶电解质 $A_nB_m(s)\rightleftharpoons nA^{m+}+mB^{n-}$，要使沉淀从溶液中析出，则必须(   )。
A. $[A^{m+}]^n[B^{n-}]^m=K_{sp}$ B. $[A^{m+}]^n[B^{n-}]^m>K_{sp}$
C. $[A^{m+}]^n[B^{n-}]^m<K_{sp}$ D. $[A^{m+1}]>[B^{n-1}]$

28. 已知25℃时，Ag_2CrO_4 的 $K_{sp}=1.1\times10^{-12}$，则该温度下 Ag_2CrO_4 的溶解度为(   )。
A. $6.5\times10^{-5}mol/L$ B. $1.05\times10^{-6}mol/L$ C. $6.5\times10^{-6}mol/L$ D. $1.05\times10^{-5}mol/L$

29. $AgNO_3$ 与 NaCl 反应，在等量点时 Ag^+ 的浓度为(   )。已知 $K_{sp}(AgCl)=1.8\times10^{-10}$。
A. 2.0×10^{-5} B. 1.34×10^{-5} C. 2.0×10^{-6} D. 1.34×10^{-6}

30. 沉淀滴定中的莫尔法指的是(   )。
A. 以铬酸钾作指示剂的镙量法
B. 以 $AgNO_3$ 为指示剂，用 K_2CrO_4 标准溶液，滴定试液中的 Ba^{2+} 的分析方法
C. 用吸附指示剂指示滴定终点的银量法
D. 以铁铵矾作指示剂的银量法

31. 各种试剂按纯度从高到低的代号顺序是(   )。
A. G.R.>A.R.>C.P.   B. G.R.>C.P.>A.R.
C. A.R.>C.P.>G.R   D. C.P.>A.R.>G.R.

32. 对同一盐酸溶液进行标定，甲的相对平均偏差为0.1%，乙为0.4%，丙为0.8%，对其实验结果的评论错误的是(   )。
A. 甲的精密度最高   B. 甲的准确度最高   C. 丙的精密度最低   D. 丙的准确度最低

33. 在一分析天平上称取一份试样，可能引起的最大绝对误差为0.0002g，如要求称量的相对误差小于或等于0.1%，则称取的试样质量应该是(   )。
A. 大于0.2g   B. 大于或等于0.2g   C. 大于0.4g   D. 小于0.2g

34. 下列数据记录正确的是(   )。
A. 分析天平0.28g   B. 移液管25mL   C. 滴定管25.00mL   D. 量筒25.00mL

35. 准确量取25.00mL $KMnO_4$ 溶液，可选择的仪器是(   )。
A. 50mL 量筒   B. 10mL 量筒
C. 50mL 酸式滴定管   D. 50mL 碱式滴定管

36. 在共轭酸碱中，酸的酸性愈强，其共轭碱则(   )。
A. 碱性愈强   B. 碱性强弱不定   C. 碱性愈弱   D. 碱性消失

37. 向 AgCl 的饱和溶液中加入浓氨水，沉淀的溶解度将(   )。
A. 不变   B. 增大   C. 减小   D. 无影响

38. 不需贮于棕色具磨口塞试剂瓶中的标准溶液为(　　)。

A. I_2 　　　　B. $Na_2S_2O_3$ 　　　　C. HCl 　　　　D. $AgNO_3$

39. 电子分析天平按精度分一般有(　　)类。

A. 4 　　　　B. 5 　　　　C. 6 　　　　D. 3

40. 碘量法测定 $CuSO_4$ 含量，试样溶液中加入过量的 KI，下列叙述其作用错误的是(　　)。

A. Cu^{2+} 还原为 Cu^+ 　　　　B. 防止 I_2 挥发

C. 与 Cu^+ 形成 CuI 沉淀 　　　　D. 把 $CuSO_4$ 还原成单质 Cu

三、多选题

1. 下列(　　)组容器可以直接加热。

A. 容量瓶、量筒、锥形瓶 　　　　B. 烧杯、硬质锥形瓶、试管

C. 蒸馏瓶、烧杯、平底烧瓶 　　　　D. 量筒、广口瓶、比色管

2. 提高分析结果准确度的方法有(　　)。

A. 减少样品取用量 　　　　B. 测定回收率

C. 空白试验 　　　　D. 尽量使用同一套仪器

3. 用 0.10mol/L HCl 滴定 0.10mol/L Na_2CO_3 至酚酞终点，Na_2CO_3 的基本单元错误的是(　　)

A. Na_2CO_3 　　B. $2Na_2CO_3$ 　　C. $1/3Na_2CO_3$ 　　D. $1/2Na_2CO_3$

4. 酸碱滴定中常用的滴定剂有(　　)。

A. HCl，H_2SO_4 　　B. NaOH，KOH 　　C. H_2CO_3，KOH 　　D. HNO_3，H_2CO_3

5. 以下关于 EDTA 标准溶液制备叙述正确的为(　　)。

A. 使用 EDTA 分析纯试剂先配成近似浓度再标定

B. 标定条件与测定条件应尽可能接近

C. EDTA 标准溶液应贮存于聚乙烯瓶中

D. 标定 EDTA 溶液须用二甲酚橙指示剂

6. 配位滴定的方式有(　　)。

A. 直接滴定 　　B. 返滴定 　　C. 间接滴定 　　D. 置换滴定法

7. 配位滴定中，作为金属指示剂应满足(　　)条件。

A. 不被被测金属离子封闭 　　　　B. 指示剂本身应比较稳定

C. 是无机物 　　　　D. 是弱酸

E. 是金属化合物

8. 水的总硬度测定中，测定的是水中(　　)的量。

A. 钙离子 　　B. 镁离子 　　C. 铁离子 　　D. 锌离子

9. 影响氧化还原反应方向的因素有(　　)。

A. 氧化剂和还原剂的浓度 　　　　B. 生成沉淀

C. 溶液酸度 　　　　D. 溶液温度

10. 在酸性介质中，以 $KMnO_4$ 溶液滴定草酸盐时，对滴定速度的要求错误的是(　　)

A. 滴定开始时速度要快 　　　　B. 开始时缓慢进行，以后逐渐加快

C. 开始时快，以后逐渐缓慢 　　　　D. 一直较快进行

11. 在拟定氧化还原滴定操作中，属于滴定操作应涉及的问题是(   )。

A. 称量方式和称量速度的控制

B. 用什么样的酸或碱控制反应条件

C. 用自身颜色变化，还是用专属指示剂或用外加指示剂确定滴定终点

D. 滴定过程中溶剂的选择

12. 下列有关淀粉指示剂的应用常识正确的是(   )。

A. 淀粉指示剂以直链的为好

B. 为了使淀粉溶液能较长时间保留，需加入少量碘化汞

C. 淀粉与碘形成蓝色物质，必须要有适量 I^- 离子存在

D. 为了使终点颜色变化明显，溶液要加热

13. 关于重铬酸钾法下列说法正确的是(   )。

A. 反应中 $Cr_2O_7^{2-}$ 被还原为 Cr^{3+}，基本单元为 $\frac{1}{6}K_2Cr_2O_7$

B. $K_2Cr_2O_7$ 易制得纯品，用直接法配制成标准滴定溶液

C. 反应可在盐酸介质中进行，Cl^- 无干扰

D. $K_2Cr_2O_7$ 可作为自身指示剂($Cr_2O_7^{2-}$ 橙色，Cr^{3+} 绿色)

14. 对高锰酸钾滴定法，下列说法不正确的是(   )。

A. 可在盐酸介质中进行滴定   B. 直接法可测定还原性物质

C. 标准滴定溶液用直接法制备   D. 在硫酸介质中进行滴定

15. 在 AgCl 水溶液中，$[Ag^+] = [Cl^-] = 1.34 \times 10^{-5}$ mol/L，K_{sp} 为 1.8×10^{-10}，该溶液为
(   )。

A. 氯化银的沉淀—溶解平衡   B. 饱和溶液

C. $[Ag^+] > [Cl^-]$ D. 饱和溶液

E. 过饱和溶液

16. 莫尔法主要用于测定(   )。

A. Cl^- B. Br^- C. I^- D. Na^+

17. 下列误差属于系统误差的是(   )。

A. 标准物质不合格   B. 试样未经充分混合

C. 称量读错砝码   D. 滴定管未校准

18. 下列数据中，有效数字位数是四位的有(   )。

A. 0.0520   B. pH = 10.30   C. 10.30   D. 40.02%

19. 某分析结果的精密度很好，准确度很差，可能是下列哪些原因造成的(   )。

A. 称量记录有差错   B. 砝码未校正

C. 试剂不纯   D. 所用计量器具未校正

20. 在碘量法中为了减少 I_2 的挥发，常采用的措施有(   )。

A. 使用碘量瓶   B. 溶液酸度控制在 pH>8

C. 适当加热增加 I_2 的溶解度，减少挥发   D. 加入过量 KI

试 卷 答 案

试卷一答案

一、判断题

1. √	2. ×	3. √	4. √	5. ×	6. √	7. ×	8. √	9. ×	10. ×
11. ×	12. √	13. ×	14. ×	15. √	16. ×	17. √	18. √	19. ×	20. √
21. ×	22. √	23. ×	24. √	25. √	26. √	27. √	28. √	29. √	30. ×
31. √	32. ×	33. √	34. ×	35. ×	36. ×	37. √	38. √	39. √	40. ×

二、单选题

1. A	2. B	3. C	4. A	5. D	6. D	7. C	8. B	9. A	10. C
11. C	12. C	13. D	14. C	15. A	16. A	17. D	18. B	19. A	20. D
21. A	22. C	23. D	24. D	25. A	26. C	27. C	28. B	29. B	30. B
31. D	32. D	33. B	34. D	35. D	36. D	37. A	38. C	39. C	40. B

三、多选题

1. BD	2. ACD	3. CD	4. CD	5. AC
6. ABD	7. ABCD	8. BC	9. AC	10. ACD
11. BC	12. BC	13. ABC	14. AB	15. ACD
16. AB	17. CD	18. ABD	19. ABD	20. ABC

试卷二答案

一、判断题

1. √	2. ×	3. √	4. √	5. ×	6. √	7. ×	8. √	9. √	10. √
11. √	12. ×	13. √	14. √	15. ×	16. ×	17. √	18. √	19. ×	20. ×
21. ×	22. ×	23. √	24. ×	25. √	26. √	27. √	28. ×	29. √	30. √
31. √	32. √	33. ×	34. √	35. ×	36. √	37. √	38. ×	39. √	40. ×

二、单选题

1. C	2. A	3. C	4. C	5. D	6. B	7. A	8. B	9. B	10. C
11. A	12. D	13. A	14. D	15. C	16. A	17. A	18. C	19. D	20. B
21. A	22. C	23. C	24. A	25. C	26. D	27. C	28. A	29. C	30. B
31. C	32. A	33. A	34. A	35. A	36. D	37. C	38. D	39. B	40. B

三、多选题

1. ABC	2. AC	3. BC	4. AD	5. ABC
6. AB	7. ABCD	8. AD	9. CD	10. AD

11. ACD　12. ACD　13. ABD　14. BD　　15. BCD
16. ABC　17. ACD　18. AC　　19. ABC　20. CE

试卷三答案

一、判断题

1. ×　2. ×　3. √　4. ×　5. ×　6. ×　7. ×　8. √　9. √　10. √
11. √　12. √　13. √　14. ×　15. √　16. ×　17. √　18. √　19. ×　20. ×
21. √　22. ×　23. ×　24. ×　25. √　26. ×　27. √　28. √　29. √　30. √
31. √　32. ×　33. √　34. √　35. ×　36. ×　37. √　38. ×　39. √　40. √

二、单选题

1. D　2. B　3. D　4. C　5. D　6. B　7. C　8. A　9. D　10. A
11. C　12. A　13. B　14. C　15. C　16. C　17. B　18. D　19. D　20. B
21. D　22. C　23. D　24. C　25. B　26. D　27. A　28. B　29. D　30. B
31. B　32. A　33. A　34. B　35. A　36. C　37. B　38. B　39. C　40. C

三、多选题

1. ABCD　2. ACD　　3. ABD　4. CD　　5. ABD
6. ABD　7. CD　　8. CD　　9. BC　　10. ABC
11. CD　　12. AD　　13. BDE　14. BCD　15. ABE
16. ABD　17. ABCDE　18. AC　19. CD　　20. AB

试卷四答案

一、判断题

1. √　2. ×　3. ×　4. √　5. √　6. ×　7. √　8. √　9. ×　10. √
11. √　12. √　13. ×　14. ×　15. √　16. ×　17. √　18. ×　19. ×　20. ×
21. ×　22. √　23. √　24. √　25. √　26. ×　27. √　28. √　29. √　30. ×
31. √　32. √　33. ×　34. ×　35. ×　36. √　37. ×　38. √　39. ×　40. √

二、单选题

1. A　2. C　3. C　4. D　5. B　6. C　7. A　8. C　9. A　10. B
11. C　12. A　13. A　14. C　15. B　16. B　17. B　18. C　19. B　20. B
21. A　22. A　23. B　24. A　25. C　26. D　27. B　28. A　29. B　30. A
31. A　32. B　33. B　34. C　35. C　36. C　37. B　38. C　39. A　40. D

三、多选题

1. BC　2. CD　　3. BCD　4. AB　　5. ABC
6. ABCD　7. AB　　8. AB　　9. ABC　10. ACD
11. ABC　12. ABC　13. ABD　14. AC　　15. AD
16. ABC　17. AD　　18. CD　19. BCD　20. AD